Johannes Kenntner

Herstellung von Gitterstrukturen mit Aspektverhältnis 100 für die Phasenkontrastbildgebung in einem Talbot-Interferometer

Schriften des Instituts für Mikrostrukturtechnik
am Karlsruher Institut für Technologie (KIT)
Band 17

Hrsg. Institut für Mikrostrukturtechnik

Eine Übersicht über alle bisher in dieser Schriftenreihe
erschienenen Bände finden Sie am Ende des Buchs.

Herstellung von Gitterstrukturen mit Aspektverhältnis 100 für die Phasenkontrastbildgebung in einem Talbot-Interferometer

von
Johannes Kenntner

Dissertation, Karlsruher Institut für Technologie (KIT)
Fakultät für Maschinenbau
Tag der mündlichen Prüfung: 28. September 2012
Referenten: Prof. Dr. Volker Saile, Prof. Dr. Franz Pfeiffer

Impressum

Karlsruher Institut für Technologie (KIT)
KIT Scientific Publishing
Straße am Forum 2
D-76131 Karlsruhe
www.ksp.kit.edu

KIT – Universität des Landes Baden-Württemberg und
nationales Forschungszentrum in der Helmholtz-Gemeinschaft

KIT Scientific Publishing 2013
Print on Demand

ISSN 1869-5183
ISBN 978-3-7315-0016-2

**Herstellung von Gitterstrukturen mit Aspektverhält-
nis 100 für die Phasenkontrastbildgebung in einem
Talbot–Interferometer**

Zur Erlangung des akademischen Grades
Doktor der Ingenieurwissenschaften
der Fakultät für Maschinenbau
Karlsruher Institut für Technologie (KIT)

vorgelegte
Dissertation
von

Dipl.-Ing. Johannes Kenntner

Tag der mündl. Prüfung: 28.09.2012
Hauptreferent: Prof. Dr. Volker Saile
Koreferent: Prof. Dr. Franz Pfeiffer

Vorwort

Die vorliegende Arbeit entstand während meiner Tätigkeit als wissenschaftlicher Mitarbeiter am Institut für Mikrostrukturtechnik des Karlsruher Instituts für Technologie. Herrn Prof. Dr. Volker Saile danke ich besonders für die Ermöglichung der Durchführung dieser Arbeit, die wissenschaftliche Förderung, die stets vorhandene Diskussionsbereitschaft auch in seiner neuen Position als CSO des KIT und für die Übernahme des Hauptreferates. Auch für das mir entgegengebrachte Vertrauen, Verantwortung abseits meiner Arbeit zu übernehmen danke ich Herrn Prof. Dr. Volker Saile.

Für die Übernahme des Korreferates und der mehrfachen sehr herzlichen Aufnahme an seinem Institut gebührt mein ganz besonderer Dank Herrn Prof. Dr. Franz Pfeiffer vom Lehrstuhl für Biomedizinische Physik der Technischen Universität München. Dem Vorsitzenden des Prüfungsausschusses, Herrn Prof. Dr. Volker Schulze gilt ebenfalls mein Dank für die kritische Durchsicht des Manuskriptes.

Besonderer Dank gilt meinem Betreuer und ersten Ansprechpartner Herrn Dr. Jürgen Mohr, der mir mit seinem Engagement und seinen fundierten Kenntnissen in der Röntgenoptik stets ein Vorbild und ein unschätzbarer Diskussionspartner war. Im Besonderen möchte ich mich für die hervorragende Betreuung und das große Interesse an meiner Arbeit bedanken.

Für die freundschaftliche und unkomplizierte gemeinsame Projektleitung in den vielen Projekten der letzten Jahre und das Korrekturlesen der Arbeit danke ich Thomas Grund.

Für die engagierte Zusammenarbeit und Diskussionen im Bereich der Entwicklung röntgenoptischer Bauelemente danke ich meinen Kollegen und Studenten Mayra Garces, Danays Kunka, Max Amberger, Martin Börner,

Jan Meiser, Markus Simon, Christof Megnin, Lars Sahlmann, Joachim Schulz, Marco Walter, Thomas Duttenhofer, Vladimir Nazmov und Eric Blasius.

Auch meinen Kollegen aus anderen Fachbereichen allen voran Alexandra Moritz, Nina Giraud, Thomas Woggon, Johannes Barth,und Dieter Gutjahr danke ich für die Zusammenarbeit.

Eine unschätzbare Hilfe vor allem durch die fertigungstechnische Entlastung während dem Erstellen der Dissertation stellten *meine Mädels aus dem Reinraum* Heike Fornasier, Christin Straus, Alexandra Karbacher und Julia Wolf dar. Vielen Dank!

Für die gewährten Freiheiten auch mal *verrückte Dinge* auszuprobieren und die technologische Unterstützung danke ich den Mitarbeitern der Mikrofertigung, allen voran Dieter Maas, Uwe Köhler und Barbara Matthis.

Franz Josef Pantenburg und Daniel Münch gilt mein besonderer Dank, dass sie sich stets um meine Anliegen bezüglich der Lithografieanlagen und auch der Behebung von Defekten an den Anlagen gekümmert haben.

Für die Unterstützung und die schöne Zeit am IMT danke ich allen Mitarbeitern des IMT. Es war eine wirklich schöne Zeit!

Für die unkomplizierte Durchführung von FIB Schnitten am Institut für Nanotechnologie danke ich Torsten Scherer.

Für das freundschaftliche gemeinsame Arbeiten an den verschiedensten Beamlines und Röntgenröhren danke ich Venera Altapova, Timm Weitkamp, Irene Zanette und *meinen Münchnern* Julia Herzen, Marian Willner, Arne Tapfer, Martin Bech und Michael Chabior.

Für die Umsetzung zahlreicher Gitterlayouts in Masken danke ich der *Ebeamtruppe* um Peter Jakobs, Marie Christin Nees und Alexander Bacher.

Mein Dank gilt auch den Mitarbeitern des Physikalischen Instituts 4, Lehrstuhl für Teilchen- und Astroteilchenphysik an der Friedrich Alexander Universität Erlangen für die Unterstützung mit Simulationen und die Charakterisierung der Gitter an Röntgenröhren.

Meinen Eltern, im Besonderen meiner Mama, danke ich von tiefstem Herzen für Ihre Liebe und Unterstützung. Besonders weil es in meinen *wil-*

den Jahren sicher nicht immer einfach war, danke ich Mama für die unermüdliche Energie und die Nerven, die sie in mich investiert hat. Ebenso gilt der Dank meinem Bruder David und meinen Pateneltern Marietta und Gerhard. Ihnen danke ich dafür, dass sie mich immer in jeglicher Art und Weise unterstützt haben.

Für die Geduld und Entbehrungen, die meine Freundin Ulrike während der letzten Jahre aufbrachte und für ihr Verständnis, das sie mir entgegenbrachte, danke ich zutiefst.

Karlsruhe, *Johannes Kenntner*
im Febuar 2013 *Karlsruher Institut für Technologie (KIT)*

Kurzfassung

Im Bereich der medizinischen Diagnostik oder der zerstörungsfreien Materialprüfung ist die auf dem Röntgenabsorptionskontrast basierende Radiografie heute eine wichtige Methode, um Informationen über das Innere von Objekten zu erlangen. Für Objekte mit sehr ähnlichen Absorptionskoeffizienten, wie gesundes und karzinogenes Gewebe liefert der Absorptionskontrast häufig unzureichende Informationen. Eine vielversprechende Methode einer kontrastreichen Bildgebung bietet hier die Messung des Phasenkontrasts, welche im Gegensatz zur Messung des Absorptionskontrast jedoch nicht direkt gemessen werden. Es werden spezielle Aufbauten benötigt, um die Phaseninformationen in messbare Signale zu wandeln. Eine Möglichkeit ist die gitterbasierte Talbot–Interferometrie. Bei dieser Methode wird ein Interferenzmuster mit einem hoch absorbierenden Gitter einer Periodizität im Bereich weniger Mikrometer abgerastert. Neben der Qualität spielt das Absorptionsvermögen und somit das Aspektverhältnis der Gitter eine entscheidende Rolle für den erreichbaren Kontrast. Heute gibt es unterschiedliche Ansätze solche Gitter herzustellen, die erreichten Aspektverhältnisse sind jedoch limitiert.

Im Rahmen dieser Arbeit wird der LIGA–Prozess genutzt, um erstmalig Gitter mit einem Aspektverhältnis von mindestens 100 herzustellen. Diese Herstellung stellt einen wichtigen Schritt hin zur Implementierung der Phasenkontrastmethode in die medizinische Diagnostik dar.

Abstract

In the field of medical diagnostics or non–destructive material examination, radiography based on the X–ray absorption contrast is an important tool, offering informations about the inside of an object. The information based on the absorption contrast is often insufficient for objects with similar absorption coefficients like healthy and carcinogenic tissue. A promising approach to overcome this contrast limitation is the measurement of the phase signal. In opposition to the absorption signal, the phase signal cannot be obtained directly. Special setups such as grating based Talbot–interferometers are required in order to measure the phase signal. Employing a Talbot–interferometer, an interference pattern is scanned using a highly absorbing grating with a period of a few microns only. Besides quality, the absorbing capacity and therewith the aspect ratio of the gratings defines the achievable contrast.

Today, several approaches are made to fabricate such gratings, however the achieved aspect ratios are limited. In the frame of this work, the LIGA–process is used to fabricate absorbing gratings with aspect ratio 100 for the first time. The fabrication of these gratings depicts an important step towards the implementation of the phase contrast imaging into medical diagnostics.

Inhaltsverzeichnis

1. Einleitung

1.1. Motivation

Im Bereich der medizinischen Diagnostik oder der zerstörungsfreien Materialprüfung ist die Radiografie mit Röntgenstrahlen heute eine wichtige Methode, um Informationen über das Innere von Objekten zu erlangen. Während unter Nutzung des sichtbaren Lichts neben der Transmissionsmikroskopie weitere Kontrastmechanismen, wie Fluoreszenz–, Dunkelfeld– und der Phasenkontrast zur Visualisierung von Objekten routinemäßig genutzt werden, beruht die Bildgebung mit Röntgenstrahlen jedoch überwiegend auf dem Absorptionskontrast.

Die Brechzahl von Materie liegt für Röntgenstrahlung nahe eins, was hohe Anforderungen an die Bauelemente zur Konditionierung von Röntgenstrahlen stellt. Im Zuge des technischen Fortschritts in der Mikrosystemtechnik können heute jedoch die notwendigen Bauelemente mit der geforderten Präzision realisiert werden, so dass auch Röntgenstrahlen konditioniert werden können. Dies eröffnet die Möglichkeit auch andere Kontrastmechanismen wie Phasen– oder Dunkelfeldkontrast in der Röntgenbildgebung zu nutzen [10, 29, 67, 71, 101]. Damit wird es möglich Objekte zu analysieren, bei welchen der reine Absorptionskontrast unzureichende Informationen liefert.

Zum Beispiel werden bei einer Energie von 17,5 keV Röntgenstrahlen beim Durchgang durch 50 µm dickes biologisches Gewebe nur um den Bruchteil eines Prozents abgeschwächt, während die Phasenlage des Röntgenstrahls gegenüber dem Freiraumstrahl um ca. 180° verschoben wird [50, 99, 101]. Die Intensitätsänderung aufgrund der Absorption ist damit so gering, dass z. B. karzinogene Gewebeveränderungen nur schwer mit der nötigen Auflösung detektiert werden können. Aufgrund der beträchtlichen Verschiebung der Phase ist es mit Phasenkontrastmethoden möglich die unterschiedlichen Gewebearten deutlich zu unterscheiden [50, 67, 99]. Die Nutzung des Phasenkontrast in der Röntgenbildgebung kann somit in der medizinischen Diagnostik einen revolutionäre Schritt in der Analysemöglichkeit darstellen.

Dunkelfeld– und Phasenkontrast können im Gegensatz zum Absorptionskontrast jedoch nicht direkt gemessen werden. Es werden spezielle Aufbauten benötigt, um die Phaseninformationen in messbare Signale zu wandeln. Eine Möglichkeit zur Detektion sowohl des Dunkelfeld– als auch des Phasenkontrastsignales ist die gitterbasierte Talbot–Interferometrie [12, 67, 101]. Bei dieser Methode wird durch ein Gitter, welches die Phase periodisch verschiebt ein gitterförmiges Interferenzmuster erzeugt, welches zur Analyse mit einem periodisch hoch absorbierenden Gitter abgerastert wird, wobei der erreichbare Kontrast dieses Ansatzes stark von der Beschaffenheit und dem Absorptionsvermögen der Gitter abhängt [49]. Insofern kommt der Qualität der Gitter eine entscheidende Bedeutung zu.

Heute werden die hoch absorbierenden Gitter beispielsweise mit einem Siliziumätzverfahren hergestellt, wobei das erreichbare Aspektverhältnis auf etwa 12 beschränkt ist [19]. Für Gitterperioden im Bereich weniger Mikrometer bieten die so hergestellten Gitter aufgrund der erreichbaren Aspektverhältnisse allerdings häufig keine ausreichende Absorption. Eine Technologie, welche die Herstellung von sehr hohen Aspektverhältnissen erlaubt, ist der LIGA–Prozess[1] [58].

Bei der Herstellung von Röntgenlinsen werden damit Strukturen mit Aspektverhältnissen von 40 und mehr hergestellt [69, 80]. Die lateralen Dimensionen der Strukturen sind dabei jedoch häufig im Bereich mehrerer Mikrometer. Allerdings gibt es keine prinzipielle physikalische Einschränkung hinsichtlich der Verkleinerung der Strukturdimensionen in den Be-

---

[1]Akronym für die Herstellungsschritte Lithografie, Galvanik und Abformung.

reich eines Mikrometers. Der LIGA–Prozess verspricht somit das Potential erstmalig Gitterstrukturen mit deutlich höheren Aspektverhältnissen herzustellen, was einen wichtigen Schritt hin zur Implementierung der Phasenkontrastmethode in die medizinische Diagnostik bedeuten kann.

1.2. Ziele der Arbeit

Ziel dieser Arbeit ist die Entwicklung eines Prozesses auf der Basis der Röntgentiefenlithographie und Galvanik zur Herstellung röntgenoptischer Gittersätze für die Phasenkontrast Bildgebung basierend auf einem Talbot–Interferometer. Die Anforderungen an die Gitterstrukturen ergeben sich aus der Mammografie als mögliche Anwendung. Einerseits muss der Fabrikationsprozess die Herstellung qualitativ hochwertiger Gittersätze mit möglichst geringen geometrischen Abweichungen der Strukturen vom Design ermöglichen, zum anderen muss er auch eine möglichst hohe Flexibilität aufweisen, um die Gitterparameter an variable Randbedingungen innerhalb der Aufbauten anzupassen. Die Gittersätze sollen sowohl an Strahlungsquellen mit hoher Brillanz, wie Synchrotronquellen mit quasi paralleler Röntgenstrahlung, als auch an Strahlungsquellen niedriger Brillanz, wie Röntgenröhren mit konisch abgestrahlter Strahlung genutzt werden. An den unterschiedlichen Strahlungsquellen sollen die Gittersätze eine Bildgebung mit höchstmöglichem Kontrast erlauben. Gleichzeitig müssen die Gitter den Anforderungen eines kleinen Bauraumes wie z.B. im Falle der Mammographie gerecht werden. Insofern sollte die Periode der Gitter im Bereich weniger Mikrometer liegen. Um für Arbeitsenergien bis 40 keV eingesetzt werden zu können muss das Analysatorgitter zur ausreichenden Absorption eine Golddicke von 100 µm bis 120 µm aufweisen. Daraus resultiert in Verbindung mit Strukturgrößen im Bereich von einem Mikrometer ein gefordertes Aspektverhältnis von mindestens 100. Die divergente Strahlcharakteristik bei Röntgenröhren führt zu Abschattungseffekten durch die Gitter, was die Herstellung von gebogenen Gittersätzen erfordert.

Für eine zielgerichtete Bearbeitung der Aufgabe ist es zunächst notwendig sich mit den theoretischen Randbedingungen der Talbot–Interferometrie auseinander zu setzen, daraus die Spezifikationen für die Gitter zu ermitteln und die Anforderungen an den Prozess zu definieren (Kapitel 2). Ausgehend vom Stand der Technik (Kapitel 3) werden Überlegungen zur Auslegung der Gitter und zu deren mechanischen Stabilität diskutiert (Kapitel 4). Diese Überlegungen sind Grundlage der Entwicklung des Herstellungsprozesses (Kapitel 5), der umfassend optimiert wurde. Hierbei werden sowohl unterschiedliche Designs als auch unterschiedliche Herstellungsstrategien betrachtet. Die Einflüsse von Bestrahlungs– und Entwicklungsbedingungen werden analysiert und diskutiert. Schließlich werden die entwickelten Gittersätze mit verschiedenen optischen Methoden auf ihre Qualität untersucht, wobei mögliche Prozessunzulänglichkeiten erkannt und deren Auswirkung auf die Bildgebung diskutiert werden (Kapitel 6). Abschließend (Kapitel 7) werden an einzelnen Anwendungsbeispielen die Vorteile der gitterbasierten Phasenkontrastbildgebung dargestellt.

2. Grundlagen

Im Bereich des sichtbaren Lichts, allen voran der Lichtmikroskopie werden heute verschiedene Kontrastmechanismen zur Bilderzeugung angewandt. Absorptions– , Phasen– und Dunkelfeldkontrast sind dabei seit vielen Jahren etablierte Methoden der Bildgebung. Im Bereich der Röntgenoptik befindet sich der Hauptfokus auf der Bilderzeugung mittels Absorptionskontrast. Alternative Kontrastmechanismen, wie die Phasenkontrastbildgebung rückten immer wieder in den Fokus der Röntgenbildgebung. So bestehen mehrere Ansätze auch die Phasenverschiebung eines Objektes mit Röntgenlicht zu messen [29]. Großer Nachteil bisheriger Ansätze, wie beispielsweise der Propagationsmethode sind die hohen Anforderungen an die transversale Kohärenz [26, 31]. Diese Anforderungen erfordern meist die Nutzung von Synchrotronquellen und Aufbauten mit sehr großen Abständen zwischen Detektor und Quelle. Eine Anwendung in kompakten Aufbauten mit Quellen niedrigerer Kohärenz, wie handelsübliche Röntgenröhren ist somit für diese Anwendungen nicht möglich. Die meisten Untersuchungen im medizinischen und materialwissenschaftlichen Bereich werden jedoch an Röntgenröhren durchgeführt. Damit eine alternative Art der Bilderzeugung Einzug in die breite Anwendung halten kann, muss diese also auch für Röntgenröhren nutzbar sein. Aufgrund dieser Limitierung konnte sich die Phasenkontrast Bilderzeugung in der Röntgenoptik bisher nicht durchsetzen.

Ein vielversprechender Ansatz zur röntgenoptischen Bilderzeugung unter Nutzung des Phasenkontrasts bietet die Talbot–Interferometrie, welche Gitter mit Periodenlängen im Bereich weniger Mikrometer nutzt, um ein Interferenzmuster zu erzeugen. Durch den Abgleich des Interferenzmuster das alleine durch ein Gitter hervorgerufen wird und dem Interferenzmuster des Gitters mit einem Objekt, können Rückschlüsse auf die Phasenverschiebung des Objekts getroffen werden.

Vorteil der Talbot–Interferometrie gegenüber anderen Phasenkontrast Methoden ist, dass sie prinzipiell auch für Röntgenröhren nutzbar ist und somit auch in der breiten Anwendung in der Röntgenoptik genutzt werden kann.

In diesem Kapitel sollen zunächst die Grundlagen zur Bilderzeugung mit Röntgenstrahlen dargestellt werden. Anschließend wird die Bildgebung mit einem Talbot–Interferometer erläutert, um schließlich die damit einhergehenden Anforderungen an die Gitter abzuleiten.

2.1. Röntgenstrahlung und ihre Erzeugung

Der Begriff Röntgenstrahlung bezeichnet eine kurzwellige elektromagnetische Strahlung, deren Wellenlänge unterhalb der von ultravioletter Strahlung und oberhalb der von γ–Strahlung liegt. Die Wellenlänge der Röntgenstrahlung reicht von wenigen Nanometern bis hin zu wenigen Pikometern. Die technische Erzeugung von Röntgenstrahlen kann prinzipiell auf mehrere Arten erfolgen. Abhängig von der Methode der Erzeugung ist auch die Brillanz der emittierten Röntgenstrahlen. Die Brillanz ist ein Wert, welcher die Güte der Röntgenstrahlung beschreibt. In sie gehen Faktoren, wie die Abstrahlgeometrie, die emittierte Photonenzahl pro Sekunde und die auf 0,1 % normierte relative Bandbreite der Quelle ein. Die Brillanz kann gemäß Gleichung 2.1 beschrieben werden [2].

$$Brillanz = \frac{Photonen/Sekunde}{(mrad)^2\,(mm^2\,Quellgroesse)(0,1\,\%\,BW)} \tag{2.1}$$

Da die Brillanz einen wichtigen Einflussfaktor für die Bilderzeugung mit Röntgenstrahlen darstellt, sollen an dieser Stelle die beiden im Rahmen dieser Arbeit genutzten Quellen, Röntgenröhre und Synchrotron kurz vorgestellt werden.

2.1.1. Synchrotronquellen

In einem Synchrotron werden geladene Teilchenpakete durch einen Linearbeschleuniger erzeugt und auf einer Bahn mit konstantem Radius auf nahezu Lichtgeschwindigkeit beschleunigt. anschließend in einen Speicherring eingeleitet. Im Speicherring werden die Teilchen durch Magnete auf eine polygonförmige Bahn gezwungen. Dabei entsteht, wie in Abbildung 2.2 (a) dargestellt, tangential zur Teilchenbahn elektromagnetische Strahlung in Form von Strahlungskeulen. Die elektromagnetischen Strahlungskeulen werden dabei an jeder Position der gleichmässig gekrümmten Teilchenbahn emittiert. Die Nutzung von Ablenkmagneten ist bei Speicherringen unabdingbar, um die Teilchenpakete auf die polygonförmige Bahn zu zwingen. Speicherringe der zweiten Generation nutzen im Wesentlichen Ablenkmagnete zur Erzeugung der Synchrotronstrahlung und liefern somit die für Ablenkmagnete charakteristischen Strahlungskeulen. Die Brillanz der Synchrotronstrahlung von Ablenkmagneten liegt dabei, wie in Abbildung 2.1 dargestellt, bereits deutlich über der Brillanz von Röntgenröhren.

Synchrotronquellen der dritten Generation hingegen sind auf den Einsatz von so genannten *Insertion Devices*, wie *Wiggler* oder *Undulatoren* optimiert [2, 5, 82]. Die beiden *Insertion Devices* bestehen aus einer Anordnung mehrerer Magnete mit alternierender Feldausrichtung der Periodenanzahl N. Durch die mehrfache Ablenkung in den *Insertion Devices* entstehen durch die alternierende Ablenkung ebenfalls Strahlungskeulen.

Im Falle von *Wigglern* werden die Strahlungskeulen während der alternierenden Ablenkung so stark ausgelenkt, dass sie in keiner Phasenbeziehung stehen. Es wird ein breitbandiges Spektrum mit großem Öffnungswinkel bei gleichzeitig hoher Intensität emittiert (Vergleiche Abbildung 2.2 (b)). Die Intensität ist gegenüber Ablenkmagenten um den Faktor N der Periodenanzahl verstärkt. Dies ist dann von Vorteil, wenn eine große Strahlbreite oder hohe Intensitäten benötigt werden, um beispielsweise Objekte großer Volumina oder hoher Dichte zu analysieren.

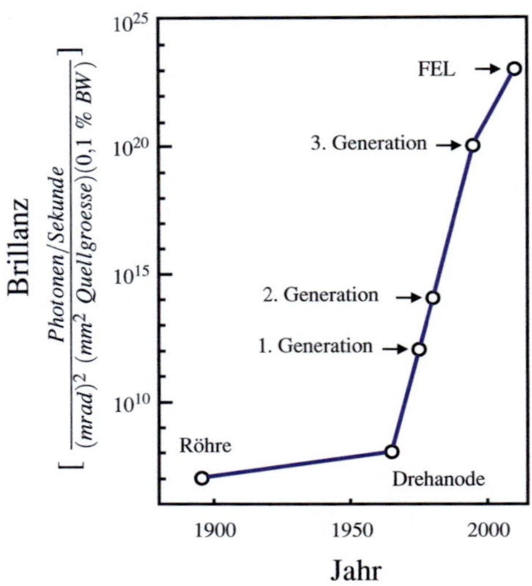

Bild 2.1.: Brillanz unterschiedlicher Quellen [73].

Undulatoren bestehen aus schwächeren Magneten, weshalb die Strahlungskeulen nur leicht ausgelenkt werden. Dabei interferieren sie konstruktiv und emittieren so eine schmalbandige Strahlung mit kleinem Öffnungswinkel. Diese weist aufgrund der Interferenz einen hohen Grad an transversaler Kohärenz auf und ist somit von Vorteil für Experimente mit hohen Anforderungen an die Kohärenz [62] (Vergleiche Abbildung 2.2 (c)). Die Intensität ist gegenüber Ablenkmagenten um den Faktor N^2 verstärkt und die Brillanz ist nochmals höher als die von *Wigglern* (Vergleiche Abbildung 2.1).

Die *Insertion Devices* weisen unterschiedliche Öffnungswinkel Ψ in horizontaler Richtung auf, welche in Abbildung 2.2 für die entsprechenden Strahlquellen abgebildet sind. Die Öffnungswinkel hängen dabei von einem dimensionslosen Undulatorparameter K, dem Lorentz Faktor γ und der Periodenanzahl N der Nord-/Südpolarisierung der Magneten ab. Der dimensionslose Faktor K beschreibt die Phasenbeziehung durch die alternierende Ablenkung der Elektronen und kann durch eine Variation der Magnetfeld-

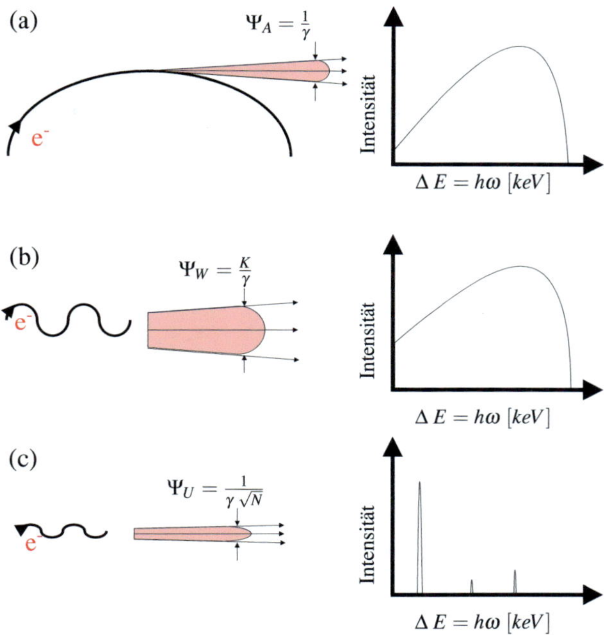

Bild 2.2.: Vergleich der Strahleigenschaften eines Ablenkmagneten (a), eines *Wigglers* (b) und eines *Undulators* (c) [5, 79].

stärke verändert werden. Für *Wiggler* ist K » 1 und liegt häufig bei einem Wert von etwa 20 und für *Undulatoren* ist K ≈ 1. Der Lorentz Faktor γ setzt sich bei einem mit Elektronen betriebenen Synchrotron aus der Energie der im Speicherring befindlichen Elektronen E_{e^-} und der Ruheenergie der Elektronen $m\, c_0^2$ zusammen (Gleichung 2.2).

$$\gamma = \frac{E_{e^-}}{m\, c_0^2} \tag{2.2}$$

Synchrotronquellen stellen somit eine mögliche Quelle von Röntgenstrahlung mit hoher Brillanz dar. Abhängig von den Anforderungen an die Quelle werden daher für die jeweiligen Experimente Strahlung von Ablenkmagneten, *Wigglern* oder *Undulatoren* gewählt. Nachteil von Synchrotronquellen ist ihre Größe und die Verfügbarkeit solcher Quellen. Im Rahmen dieser Arbeit wurden für die Herstellung der Gitter das Lithografiestrahlrohr *LIGA1* und zur Bildgebung das Tomografiestrahlrohr *TopoTomo* der Ångstrømquelle Karlsruhe (ANKA) genutzt. Darüber hinaus wurden die Strahlrohre *W2 (HARWI II)* am DESY und *ID19* an der ESRF zur Bildgebung genutzt. Die jeweiligen Eigenschaften der genutzten Strahlrohre sind im Anhang B tabellarisch aufgeführt.

2.1.2. Röntgenröhren

In Röntgenröhren werden Elektronen in Vakuum durch Hochspannung von einer Glüh– oder Feldemissionskathode zur Anode hin beschleunigt. Eine Bündelung der Elektronen wird durch den Wehneltzylinder gewährleistet. Der prinzipielle Aufbau einer Röntgenröhre ist in Abbildung 2.3 (a) dargestellt. Beim Eindringen in das Anodentargetmaterial werden die Elektronen abgebremst und erzeugen die so genannte Bremsstrahlung, deren Spektrum einen breiten Energiebereich abdeckt. Das Maximum des Bremsspektrums hängt dabei von der anliegenden Spannung ab. Neben der Bremsstrahlung entsteht beim Betrieb von Röntgenröhren auch die so genannte charakteristische Strahlung, die sich aus dem Elektronenübergang in das Anodenmaterial ergibt. Im Zuge des Eindringens in das Target werden Elektronen aus den inneren Schalen der Atome des Targetmaterials herausgeschlagen. Bei der Neubesetzung der so entstandenen Leerstellen mit Elektronen aus den äußeren Schalen entsteht die charakteristische Strahlung. Das emittierte Spektrum hängt dabei vom Material des Anodentargets ab. Gängige Targetmaterialien sind Wolfram, Molybdän und Kupfer. Eine schematische Darstellung eines Röhrenspektrums ist in Abbildung 2.3 (b) dargestellt und beschreibt die Überlagerung des kontinuierlichen Spektrums der Bremsstrahlung mit den Linienspektren der charakteristischen Strahlung. Wenn die Leerstelle in der K–Schale mit Elektronen der L–Schale besetzt wird entsteht ein Linienspektrum bei K_α, bei einer Besetzung der Leerstelle aus der M–Schale entsteht ein Linienspektrum K_β. Das emittierte Spektrum einer Röntgenröhre hängt demnach stark vom Anodenmaterial und der Beschleunigungsspannung ab. Der Zusammenhang der maximalen Energie des Spektrums einer Röhre in Abhängigkeit von Beschleunigungsspannung kann gemäß Gleichung 2.3 berechnet werden und hängt von der Wellenlänge λ, der Lichtgeschwindigkeit c_0, dem Planckschen Wirkungsquantum h, der Elektronenladung e^- und der Anodenspannung U_A ab. In der medizinischen Praxis wird das Spektrum anhand von Filtern gezielt manipuliert, um ungünstige Bereiche des Spektrums zu entfernen [25].

$$Energie\,[keV] \;=\; \frac{c_0\,h}{\lambda} \;=\; e^-\,U_A \tag{2.3}$$

Bei Röntgenröhren wird ein thorusförmiges Strahlungsprofil emittiert, dessen Intensitätsverteilung den zwei Strahlkeulen eines Hertz'schen Dipols entspricht, welcher aufgrund der relativistischen Effekte nach vorne gebogen ist (Siehe Abbildung 2.4) [24]. Aufgrund der genutzten Strahlung in Vorwärtsrichtung wird das thorusförmige Strahlprofil in der Literatur oftmals auch als ein kegelförmiges Strahlprofil beschrieben [46, 88, 108]. Die Quellgröße bei konventionellen Röntgenröhren liegt etwa im Bereich von 300 µm bis zu einem Millimeter und hängt von der Brennfleckgröße ab, welche durch die so genannte Drahtmethode bestimmt werden kann [90, 84]. Aufgrund der großen Quellgröße und des kegelförmigen Strahlprofils ist die mit Röntgenröhren erreichbare Brillanz deutlich geringer als die von Synchrotronquellen. Die transversale Kohärenz von Röntgenröhren ist ebenfalls deutlich geringer als die von *Undulatoren*. Röntgenröhren emittieren aufgrund des Röhrenspektrums polychromatisches Licht.

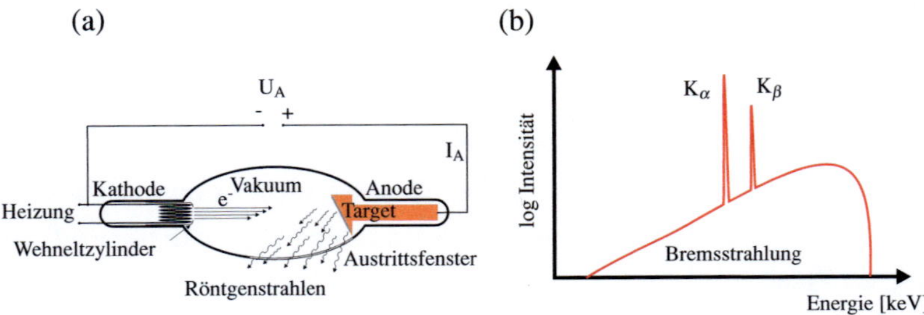

Bild 2.3.: Schematische Darstellung des Aufbaus einer handelsüblichen Röntgenröhre (a) und eines Röhrenspektrums (b).

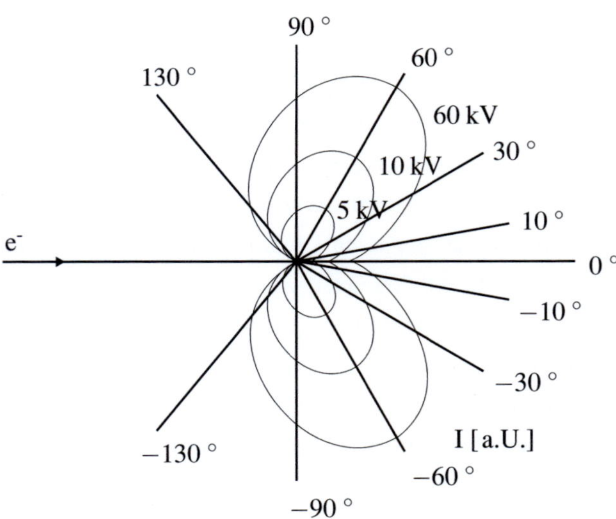

Bild 2.4.: Schematische Darstellung der thorusförmigen Intensitätsverteilung I einer Röntgenröhre.

2.2. Wechselwirkung von Röntgenstrahlen mit Materie

Seit der Entdeckung der Röntgenstrahlung durch Wilhelm Conrad Röntgen im Jahre 1895 werden Röntgenstrahlen genutzt, um mittels Radiografie Einblicke in das Innere von Objekten zu erhalten. Da Röntgenstrahlen kurzwellige elektromagnetische Wellen sind und somit in der Lage sind ein Objekt zu durchdringen, eignen sie sich für zerstörungsfreie Objektanalysen. Während der Propagation durch ein beliebiges Objekt führen Brechung, Reflexion, Streuung und Absorption zu einer Modifikation der Amplitude und Phasenlage der Röntgenwellen. Wenn Objekte aus verschiedenen Materialien bestehen werden die Röntgenstrahlen an deren Oberflächen und inneren Strukturen unterschiedlich stark absorbiert und in der Phase verschoben. Die Modifikation der Röntgenwellen hängt von den Eigenschaften des Objekts ab, welche durch den refraktiven Index n eines Objekts beschrieben werden können. Der refraktive Index n setzt sich, wie in Gleichung 2.4 dargestellt, aus dem Brechzahldekrement δ und dem Extinktionskoeffizient β zusammen [2].

$$n = 1 - \delta + i\beta \tag{2.4}$$

Die Propagation einer Röntgenwelle ist in Abbildung 2.5 (a) schematisch für eine Ausbreitung in Vakuum und 2.5 (b) für das Durchdringen eines beliebigen Objekts dargestellt. Im Vakuum breitet sich die Welle ungestört aus. Im Objekt kommt es zu einer Abschwächung der Amplitude und zu einer Veränderung der Ausbreitungsgeschwindigkeit, was zu einer Veränderung der Phasenbeziehung beider Wellen führt. Die konventionelle absorptionskontrastbasierte Radiografie misst die Abschwächung der Intensität beim Durchgang durch ein Objekt, was einer Verringerung der Amplitude entspricht. Die Ermittlung des Phasenkontrasts erfolgt durch Berechnungen, welche auf der Phasenverschiebung basieren. Objekte, die sich für Absorptionskontrast eignen zeigen deutliche Unterschiede in ihren Ex-

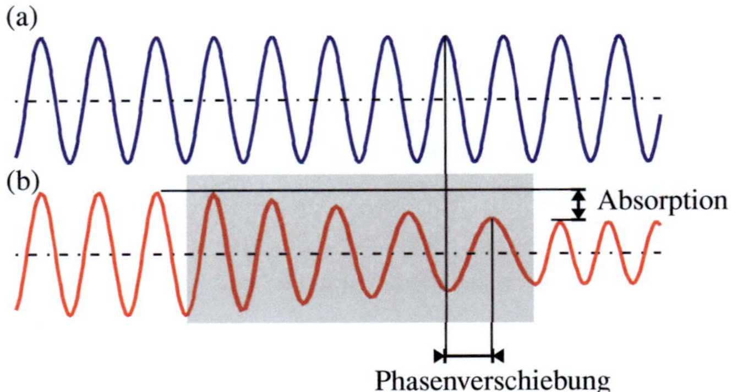

Bild 2.5.: Einfluss eines Objekts auf die Röntgenstrahlung. Ausbreitung einer Welle im Vakuum (a) und bei der Transmission eines Objekts (b).

tinktionskoeffizient β, was beispielsweise bei Objekten, die aus Knochen und Gewebe bestehen der Fall ist. Objekte, welche sehr ähnliche Extinktionskoeffizient β besitzen, wie beispielsweise gesundes und karzinogenes Gewebe, können jedoch deutliche Unterschiede in ihrem Brechzahldekrement δ zeigen. Die physikalischen Wechselwirkung von Röntgenstrahlung und Materie soll daher im Folgenden genauer erläutert werden.

2.2.1. Absorption

Der lineare Absorptionskoeffizient μ_{Lin} (Amplitudenabschwächung) hängt von der Interaktion der Röntgenphotonen mit den Elektronenschalen der Atome ab. In dem im Rahmen dieser Arbeit genutzten Energiebereich von etwa 20 keV–55 keV tragen hauptsächlich zwei Effekte zur Absorption bei. Zum einen der Fotoelektrische Effekt und andererseits die Compton–Streuung. Bei der Wechselwirkung von Röntgenphotonen mit Materie gilt gemäß Gleichung 2.5 das Superpositionsprinzip beider linearer Absorptionskoeffizienten [2].

$$\mu_{Lin} = \mu_{FE} + \mu_{C} \tag{2.5}$$

Fotoelektrische Absorption

Die Interaktion von Röntgenphotonen mit einem Atom kann anhand des Schalenmodells beschrieben werden. Die eingestrahlten Röntgenphotonen treffen auf Elektronen, welche auf den K–,L– und M–Schalen um ein Atom angeordnet sind . Wenn die Röntgenphotonen mindestens die Energie besitzen, welche benötigt wird, um die Elektronen aus der K–Schale zu lösen, werden die Röntgenphotonen vollständig absorbiert. Bei einer höheren Energie der Photonen geht die restliche Energie in die kinetische Energie der Elektronen über. Bei niedrigerer Energie werden die Röntgenphotonen nicht absorbiert.

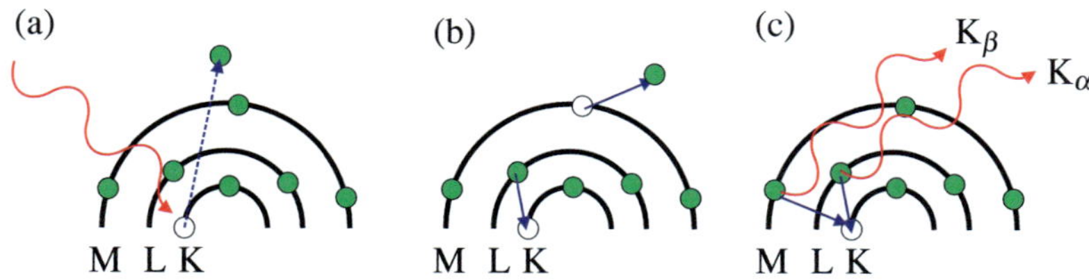

Bild 2.6.: Fotoelektrische Absorption (a) mit Bildung von Auger Elektronen (b) und Fluoreszenzstrahlung (c).

Die Leerstellen auf der K–Schale werden durch Elekronen der äußeren Schalen neu besetzt. Hierbei treten zwei Effekte auf. Bei starken Bindungsenergien wird die Leerstelle mit einem Elektron aus der L–Schale besetzt. Um das Energieniveau auszugleichen verlässt ein Elektron der äußersten Schale dann, wie in Abbildung 2.6 (b) dargestellt, das Atom als so genanntes Auger Elektron. Der zweite Effekt äußert sich, indem die Leerstellen durch Elektronen der äußeren Schalen neu besetzt werden und dabei Photonen abgegeben werden (Vergleiche Abbildung 2.6 (c)). Diese Emission von Photonen wird als Fluoreszenzemission bezeichnet. Abhängig von der Energie der Röntgenphotonen wird die Leerstelle durch Elektronen aus der L–Schale oder aus der M–Schale besetzt. Bei einer Besetzung der Leerstelle aus der L–Schale wird die Fluoreszenzstrahlung als K_α Linie bezeichnet. Analog dazu wird sie bei einer Neubesetzung aus der M–Schale als K_β Linie bezeichnet. Der lineare Absorptionskoeffizient der Röntgenphotonen aufgrund des fotoelektrischen Effekts wird im Folgenden als μ_{FE} definiert [2].

Streuung

Bei der Streuung muss zunächst zwischen elastischer– und inelastischer Streuung unterschieden werden. Bei elastischer Streuung erfolgt kein Energieübertrag der Photonen an die Elektronen. Es wird unterschieden zwischen Rayleigh–Streuung an fest gebundenen Elektronen und Thomson–Streuung an freien oder schwach gebundenen Elektronen. Bei inelastischer Streuung wird ein Teil der Photonenenergie dazu genutzt, um Elektronenbindungen aufzubrechen (Ionisation). Inelastische Streuung tritt beim Compton–Effekt auf. Einfallende Photonen werden dabei an freien oder schwach gebundenen Elektronen gestreut. Der Energieverlust der Photonen durch die Wechselwirkung mit den Elektronen resultiert dabei in einer Vergrößerung der Wellenlänge der Photonen. Die Compton–Streuung geht ebenfalls in den linearen Absorptionskoeffizienten ein und wird als μ_C definiert. Sie ist bei geringen Energien unterhalb von 10 keV relativ schwach ausgeprägt. Mit zunehmender Energie nimmt der Einfluss der Compton–Streuung allerdings zu.

Linearer Absorptionskoeffizient μ_{Lin} und Extinktionskoeffizient β

Die lineare Abschwächung μ_{Lin} kann, wie in Gleichung 2.6 dargestellt, anhand des Extinktionskoeffizienten β eines Materials und der genutzten Wellenlänge λ berechnet werden.

$$\mu_{Lin} = \frac{4\,\pi\,\beta}{\lambda} \tag{2.6}$$

Anhand des linearen Absorptionskoeffizienten in Verbindung mit dem Lambert–
Beerschen Gesetz kann bei der konventionellen Radiografie der Absorptionskontrast ermittelt werden. Hierfür wird ein Objekt mit Röntgenphotonen
der Intensität I_0 bestrahlt. Die Intensität I der Röntgenstrahlung nach dem
Durchgang durch ein Objekt hängt dabei von der Ausgangsintensität I_0,
dem linearen Absorptionskoeffizienten μ und der Dicke d der durchstrahl-
ten Materie ab [45, 78].

$$I = I_0\, e^{-\mu_{Lin}\, d} \tag{2.7}$$

Der materialspezifische Absorptionskoeffizient wird im Rahmen dieser Arbeit aus der Literatur entnommen [40]. Alternativ kann der Extinktionskoeffizient β gemäß Gleichung 2.8 aus der Dichte ρ_A des Materials, dem
totalen atomaren Absorptionsquerschnitt σ_A, der Avogadroschen Zahl N_A
und dem Atomgewicht A berechnet werden [94].

$$\beta = \frac{N_A}{A}\, \sigma_A\, \rho_A \tag{2.8}$$

Gleichung 2.8 gilt allerdings nur für Objekte, welche aus nur einem Material bestehen. Für Verbundmaterialien muss der Extinktionskoeffizient gemäß Gleichung 2.9 berechnet werden.

$$\beta = \frac{N_A}{MW} \sum_i x_i\, \rho_{A_i}\, \sigma_{A_i} \tag{2.9}$$

Der Extinktionskoeffizient β setzt sich dann aus der Avogadroschen Zahl N_A,
dem Molekulargewicht des Materialienverbunds $MW = \sum_i x_i\, A_i$ und der
Summe über die Atomanzahl x_i, den verschiedenen Dichtewerten ρ_{A_i} und
den totalen atomaren Absorptionsquerschnitten σ_{A_i} zusammen. Die Absorption eines Materials hängt nicht nur vom Material selbst ab, sondern
auch von der Energie der Röntgenphotonen. Diese Abhängigkeit kann anhand von Absorptionskurven, wie in Abbildung 2.7 dargestellt, beschrieben werden. Hier ist die Absorption verschiedener Materialien über einen
Energiebereich von 1 keV bis 200 keV aufgetragen. Als Materialien sind

exemplarisch die für die Gitterherstellung interessanten Materialien Nickel und Gold aufgetragen. Zusätzlich sind die im Gewebe am häufigsten vertretenen Elemente Sauerstoff, Kohlenstoff und Wasserstoff aufgetragen. Bei den Elementen mit niedrigen Kernladungszahlen (Sauerstoff, Kohlenstoff und Wasserstoff) ist die Transmission ähnlich und in diesem Energiebereich für ein Objekt der Dicke 100 µm sehr hoch. Bei den Elementen Nickel und Gold ist die Transmission deutlich geringer und es sind über den gesamten Energiebereich Transmissionsunterschiede zu erkennen. Bei der Goldkurve ist bei einer Energie von 80 keV die charakteristische Absorptionskante abgebildet. Diese Absorptionskante resultiert aus dem fotoelektrischen Effekt, da bei dieser Energie die Röntgenphotonen genau die Energie besitzen, um die Elektronen aus der K–Schale zu lösen. Für Gold handelt es sich bei der Absorptionskante bei 80 keV um die K_α Absorptionskante, bei welcher die Energie der Photonen genau so hoch ist, um die Elektronen der K–Schale zu lösen. In diesem Bereich der Absorptionskanten verschiebt sich die Gewichtung vom Compton–Effekt hin zum fotoelektrischen–Effekt, da hier genau die Energie vorhanden ist, um die Elektronen aus der Schale zu lösen. Die Absorption ist bei dieser Energie hoch.

2.2.2. Röntgenbildgebung basierend auf Absorptionskontrast

Röntgenbildgebung mittels Absorptionskontrast ist heute im medizinischen und materialwissenschaftlichen Bereich ein wertvolles Analysewerkzeug und findet dort eine breite Anwendung. Wie in Abbildung 2.8 dargestellt, werden hier Röntgenstrahlen einer definierten Intensität I_0 emittiert. Während die Röntgenstrahlen durch das Objekt propagieren, erfahren sie eine Abschwächung gegenüber ihrer ursprünglichen Intensität I_0. In Abbildung 2.8 (a) ist dieses Prinzip exemplarisch anhand eines stärker absorbierenden Bereichs μ_1 und eines weniger stark absorbierenden Bereichs μ_2 dargestellt. Abhängig vom Absorptionsvermögen des Objekts werden am Detektor unterschiedlich hohe Intensitäten I gemessen, wodurch sich der

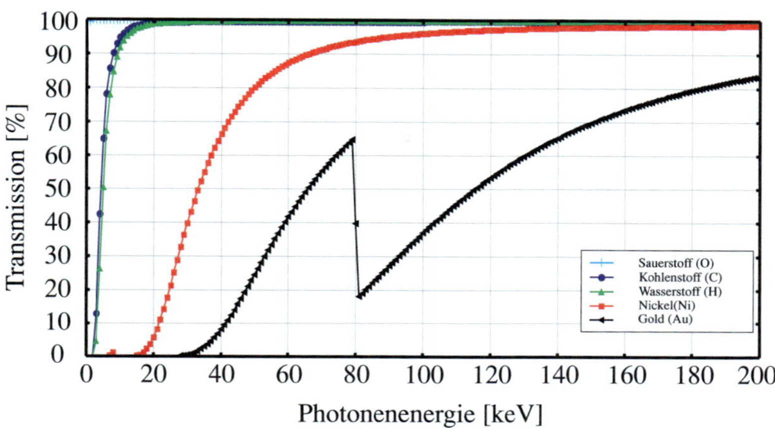

Bild 2.7.: Energieabhängige Resttransmission für 100 µm dicke Schichten der Elemente Sauerstoff, Kohlenstoff, Wasserstoff, Nickel und Gold [22].

Bildkontrast ergibt. Die unterschiedlichen Intensitäten I am Detektor sind durch die Stärke der Pfeile angedeutet. Eine radiografische Aufnahme entsteht so aus einem Absorptionsbild (Vgl. Abbildung 2.8 (b)). Zur Erzeugung eines dreidimensionalen Tomogrammes wird entweder das Objekt zwischen Röntgenquelle und Detektor oder der Aufbau um das Objekt rotiert und es werden für eine definierte Anzahl an Drehwinkeln ω Absorptionsbilder aufgenommen. Aus diesen Bildern wird das Tomogramm errechnet [48].

2.2.3. Phasenverschiebung

Neben Absorption und Streuung werden Röntgenstrahlen beim Durchgang durch ein Objekt auch in ihrer Phase verschoben. Die Phasenverschiebung $\Delta\Phi$ die von einem Objekt hervorgerufen wird hängt ebenfalls vom Material des Objekts ab und wird durch den Realteil δ des Brechungsindex n beschrieben.

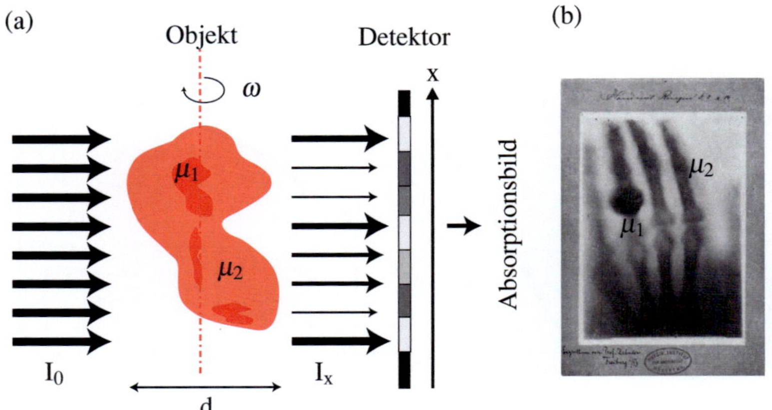

Bild 2.8.: Absorptionskontrast für ein exemplarisches Objekt mit unterschiedlichen Absorptionskoeffizienten (μ_1 und μ_2) in der Theorie (a) und das erste Röntgenbild der Hand von Röntgens Frau Anna Bertha (b) [78].

Ein Objekt, welches nur die Phase verschiebt und alle weiteren Effekte vernachlässigt, kann gemäß Gleichung 2.10 durch eine Brechzahl n* beschrieben werden.

$$n^* = 1 - \delta \tag{2.10}$$

Der Phasenschub $\Delta\Phi$ eines Objekts setzt sich aus dem Brechzahldekrement δ, der Materialdicke d und der Wellenlänge λ zusammen und berechnet sich für ein beliebiges Material gemäß Gleichung 2.11.

$$\Delta\Phi = \frac{2\,\pi\,\delta\,d}{\lambda} \tag{2.11}$$

Das Brechzahldekrement δ wird durch Gleichung 2.12 beschrieben. Es setzt sich aus dem klassischen Elektronenradius r_e, der materialabhängigen Atomdichte ρ_A und dem Vorwärtsstreufaktor $f_{(0)}$ zusammen, welcher im Rahmen dieser Arbeit für die verwendeten Materialien aus der Literatur entnommen wird [94].

$$\delta = \frac{r_e\,\lambda^2\,\rho_A\,f_{(0)}}{2\,\pi} \tag{2.12}$$

Der Elektronenradius ist als Konstante r_e definiert. Die Wellenlänge λ ist ein energieabhängiger Wert und kann gemäß Gleichung 2.13 berechnet werden aus dem Planckschen Wirkungsquantum h und der Lichtgeschwindigkeit c.

$$\lambda = \frac{h\,c}{Energie[keV]} \tag{2.13}$$

Der Phasenschub, welcher durch ein beliebiges Objekt erzeugt wird, hängt somit im Wesentlichen von der unterschiedlich starken Streuung aufgrund unterschiedlicher Materialien und somit Elektronendichten eines Objekts ab. Dies gilt sowohl für die Objekte als auch für die Gitter in einem Talbot–Interferometer. Die Streuung eines Objekts setzt sich aus der elastischen Streuung im Inneren eines Objekts und der Brechung an dessen Oberflächen zusammen.

2.2.4. Brechung an Grenzflächen

Ein weiterer Effekt mit Einfluss auf die Phasenlage der Röntgenstrahlung ist die Brechung. An Grenzflächen mit unterschiedlicher Dichte wird die Röntgenstrahlung gebrochen. Mit Hilfe des Snellius'schen Brechungsgesetzes kann der Brechwinkel α_R eines Objekts ermittelt werden. Die Röntgenstrahlung trifft unter einem Winkel α_1 auf die Grenzfläche, wird gebrochen und verlässt das Medium unter dem Winkel α_2. Der Brechwinkel α_R hängt dabei von den Brechungzahlen (Realteil von n^*) der verschiedenen Materialien n_1 und n_2 ab. Die Winkel sind in Abbildung 2.9 dargestellt.

$$\frac{sin\,\alpha_1}{sin\,\alpha_2} = \frac{n_2}{n_1} \tag{2.14}$$

$$\alpha_R = \alpha_2 - \alpha_1 \tag{2.15}$$

Unter der Annahme, dass außerhalb des Keils Vakuum herrscht und $n_2 = 1$ gilt, kann durch Umformen der Gleichungen 2.14 und 2.15 der Brechwinkel α_R berechnet werden.

$$\alpha_R = arcsin\left(n_1\, sin\left(\alpha_1\right)\right) - \alpha_1 \qquad (2.16)$$

Wird nun die Brechzahl des Keils n_1 eingesetzt, so kann die Brechung an der Materialkante mit der Phasenlage in Verbindung gebracht werden und es gilt Gleichung 2.17 für ein reines Phasenobjekt $\left(n^* = 1 - \delta\right)$ einer Dicke d.

$$\alpha_R = arcsin\left(\left(1 - \frac{\Delta\Phi\,\lambda}{2\,\pi\,d}\right) sin\left(\alpha_1\right)\right) - \alpha_1 \qquad (2.17)$$

Die Winkelabweichung aufgrund von Brechung an Grenzflächen ist bei

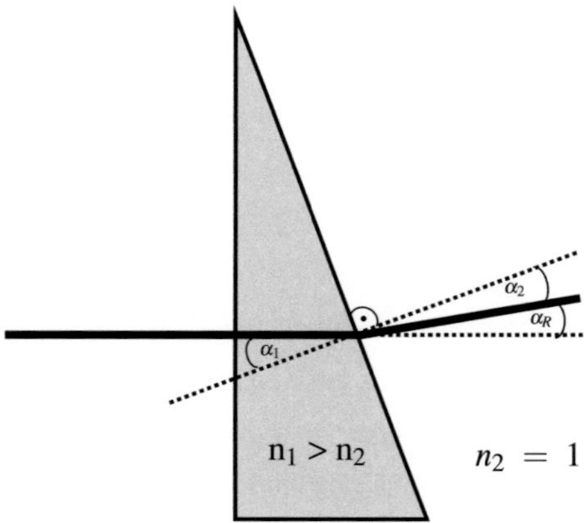

Bild 2.9.: Brechung der Röntgenstrahlen am Beispiel eines Keils.

Röntgenstrahlen sehr gering. Um diese Winkelabweichungen zu detektieren, müssen Detektoren genutzt werden, die Intensitäten im Submikrometerbereich auflösen könnten. Außerdem muss der Abstand zwischen Objekt und Detektor einige zehn Meter betragen, um diese Winkelabweichungen zu detektieren [2].

2.2.5. Röntgenbildgebung basierend auf Phasenkontrast

Für Objekte, deren innere Strukturen im Mittel eine homogene Dichte vorweisen, dabei aber lokale strukturelle Inhomogenitäten besitzen, werden die geringfügig strukturellen Inhomogenitäten über den Absorptionskontrast kaum sichtbar. Hier bietet die Messung der Phasenverschiebung einen vielversprechenden Kontrastmechanismus. Im Besonderen für Objekte bei welchen zwischen unterschiedlichen Bereichen mit jeweils niedrigen Kernladungszahlen unterschieden werden soll, bietet der Phasenkontrast eine hohe Sensitivität [29, 66, 101]. Gewebe besteht hauptsächlich aus Sauerstoff, Wasserstoff und Kohlenstoff. Diese Elemente mit niedriger Kernladungszahl sind mittels Absorptionskontrast kaum voneinander zu unterscheiden und eine unterschiedliche Zusammensetzung aus diesen Elementen, wie es bei gesundem und krebsartigen Gewebe der Fall ist, kann somit unter Anwendung des Absorptionskontrast nur bedingt sichtbar gemacht werden.

Während bei Verfahren, welche auf dem Absorptionskontrast basieren die Intensitätsschwächung unter anderem mit szintillatorbasierten Detektoren, Röntgenfilmen oder –platten direkt gemessen werden kann, ist dies für den Phasenschub auf direktem Weg nicht möglich, da bedingt durch die verfügbaren bildgebenden Detektoren nur Intensitäten aber keine Phasenlage gemessen werden kann. In den letzten Jahren wurden einige Ansätze vorgestellt, um die Phasenverschiebung zu messen, darunter Methoden, wie Diffraktion an Kristallen, die Propagationsmethode oder die Talbot–Gitterinterferometrie [10, 16, 20, 26, 28, 31, 47, 65, 67, 110]. Die meisten Methoden stellen sehr hohe Anforderungen an die longitudinale und die transversale Kohärenz[1] und eignen sich nicht für Untersuchungen an Röntgenröhren.

---

[1]Interferenzfähigkeit

2.2.6. Gitterinterferometrie

Ein Ansatz, um den Phasenschub von Objekten zu detektieren, ist die Nutzung eines gitterbasierten Talbot–Interferometers. Es werden, wie auch bei der absorptionskontrastbasierten Radiografie, Intensitäten am Detektor gemessen. Durch das Erzeugen von Interferenzmustern kann auch der Phasenschub anhand der gemessenen Intensitäten ermittelt werden. Besonders interessant ist an diesem Ansatz, dass aufgrund des Aufbaus auch Quellen mit niedrigerer transversaler Kohärenz, wie Röntgenröhren genutzt werden können [72]. Die Gitterinterferometrie stellt keine Anforderungen an die longitudinale Kohärenz.

Bereits im frühen 19. Jahrhundert beobachtete Sir Henry Fox Talbot bei Experimenten mit Sonnenlicht, dass Lichtwellen beim Durchgang durch eine periodische Struktur diese in bestimmten Abständen entlang der Propagationsrichtung in Form von Intensitätsmustern reproduzieren [86]. Bei gitterbasierten Talbot–Interferometern wird dieser Effekt genutzt, um den differentiellen Phasenkontrast eines Objekts zu messen. Mit einem so genannten Phasengitter G_1 wird ein definiertes Interferenzmuster mit wiederkehrenden Selbstabbildungen des Phasengitters erzeugt. Die Phasengitter bestehen aus Linienstrukturen, welche die Phase der Röntgenstrahlung periodisch verschieben und somit ein Interferenzmuster erzeugen. Das Phasengitter weist also eine Teiltransparenz vor. Im Bereich der Linienstrukturen wird die Phase verschoben und zwischen den Linienstrukturen weist das Gitter optimalerweise eine Transparenz für Röntgenstrahlen auf, sodass die Phase nicht verschoben wird. Die Abstände in denen eine Selbstabbildung des Gitters auftritt, werden als Talbot–Abstände bezeichnet. Ein durch ein Phasengitter erzeugtes Interferenzmuster ist in Abbildung 2.10 (a) dargestellt. Die Periode der generierten Interferenzmuster entspricht in der Regel der Gitterperiode des Phasengitters oder der doppelten Phasengitterperiode. Diese Periode beträgt im Rahmen dieser Arbeit 2,4 µm. Somit können zum Beispiel die in der Mammografie genutzten Detektoren mit Pixelgrößen im Bereich mehrerer hundert Mikrometer diese Interferenzmuster nicht auflösen, da mehrere Perioden des Interferenzmusters zugleich auf einen Pixel treffen. Um die Interferenzmuster dennoch analysieren zu können, wird ein weiteres Gitter, das so genannte Analysator– oder Absorptionsgitter G_2 verwendet.

Hauptzweck dieses Gitters ist das Interferenzmuster abzurastern. Durch das Abrastern des Interferenzmusters mit Schrittweiten kleiner als die Gitterperiode wird für jede Gitterposition ein unterschiedlicher Intensitätswert gemessen. Somit ist das Auflösen eines Interferenzmusters kleiner Periodizität auch mit großen Detektorpixeln möglich. Das Abrastern des In-

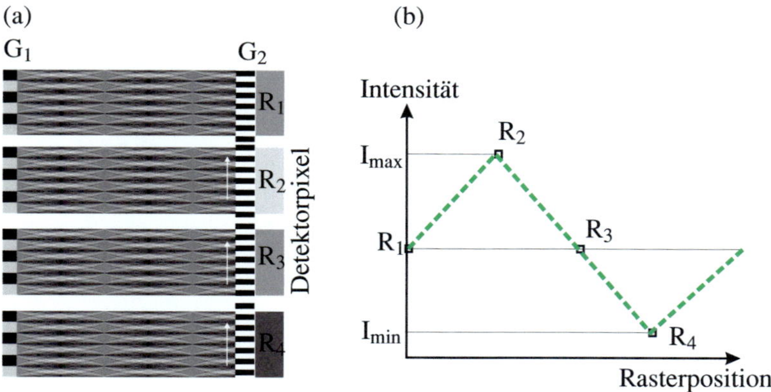

Bild 2.10.: Intensitätsmessung in Abhängigkeit der Analysatorgitterposition (a) und erstellen der Intensitätskurve der jeweiligen Rasterpositionen.

terferenzmusters mit einem Gitter erzeugt am Detektor unterschiedliche Intensitätswerte [68]. Für ein Abrastern des Interferenzmusters mit einer stets gleichen Schrittanzahl und Schrittweite entsteht unter Annahme einer Punktquelle, eine dreiecksförmige Intensitätsverteilung in Abhängigkeit der Schrittposition. Eine schematische Darstellung des Abrasterns ist in Abbildung 2.10 für vier Schrittpositionen über einer Periode dargestellt. Prinzipiell wird die Näherung einer Dreiecksfunktion durch eine Erhöhung der Schrittzahl exakter, da jede Schrittposition jedoch auch eine Strahlenexposition bedeutet, können nicht beliebig viele Schritte durchgeführt werden. In der Praxis werden häufig acht oder 16 Schritte über zwei Perioden angewendet. Die maximale Intensität I_{max} wird bei der Rasterposition R_2 erreicht, wenn das Analysatorgitter derart platziert ist, dass es den hellsten Bereich des Interferenzmusters durchlässt. Eine mittlere Intensität I_{mitt} wird bei Rasterposition R_1 und Rasterposition R_3 erreicht. Die niedrigste Intensität I_{min} wird bei Rasterposition R_4 gemessen. Der erreichbare Bildkontrast eines Talbot–Interferometers wird durch die so genannte Visibilität V angegeben und setzt sich aus den an den verschiedenen Gitterstellungen gemessenen Intenstäten I zusammen [64, 102].

$$V = \frac{I_{max} - I_{min}}{I_{max} + I_{min}} \qquad (2.18)$$

Wird ein beliebiges phasenschiebendes Objekt im Strahlengang platziert, ändert sich durch die vom Objekt lokal hervorgerufene Phasenverschiebung das Interferenzmuster. Aus dem Vergleich der beiden Interferenzmuster an einer Detektorposition lässt sich dann der Phasenschub, welcher vom Objekt lokal hervorgerufen wurde, berechnen [64, 102]. Diese Methode, welche einen Aufbau aus einem Phasengitter G_1 und einem Analysatorgitter G_2 benötigt, wird als Talbot–Interferometer bezeichnet und ist schematisch in Abbildung 2.11 (a) ohne Objekt und in Abbildung 2.11 (b) mit Objekt dargestellt. Die Abbildung zeigt eine mögliche Analysatorgitterstellung, in welcher zunächst die Bereiche hoher Intensität des Interferenzmusters abgeschattet werden. Am Detektor wird nur eine niedrige Intensität gemessen. Die Messung mit dem Objekt verschiebt das Interferenzmuster durch die im Objekt lokal hervorgerufenen Phasenverschiebungen.

2.2.7. Kontrastmechanismen eines Gitterinterferometers

Die in Abbildung 2.12 dargestellte sinusförmige Näherung zeigt die Intensitäten, die während des Rasterns über eine Periode auf einem Pixel gemessen werden. Im Gegensatz zur dreiecksförmigen Näherung aus dem vori-

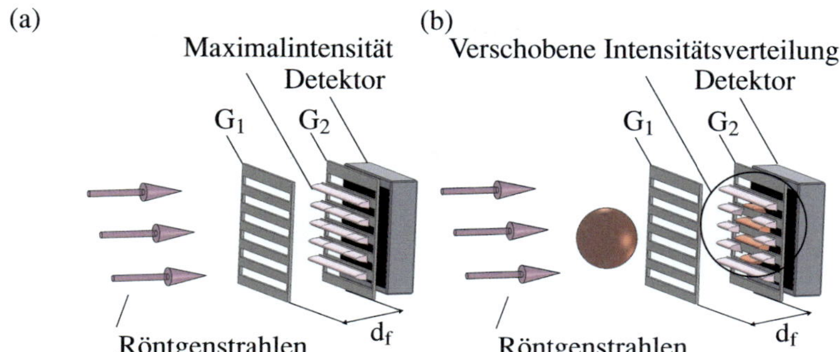

Bild 2.11.: Aufbau eines Talbot–Interferometers ohne Phasenobjekt (a), wobei die maximale Intensität zunächst auf die Absorberstrukturen des Analysatorgitters G_2 in einer fraktionalen Talbot–Ordnung d_f trifft. Ein in (b) schematisch dargestelltes Phasenobjekt verändert die Intensitätsverteilung und ein Teil der zuvor vom Analysatorgitters G_2 vollständig abgeschatteten Intensität erreicht den Detektor.

gen Kapitel wird nicht von einer punktförmigen Quelle, sondern von einer realen ausgedehnten Quelle ausgegangen. Die sinusförmige Näherung beschreibt somit eine ausgedehnte Quelle besser.

Da das Strahlprofil nie absolut homogen ist, werden zwei Messungen durchgeführt. Eine Referenzmessung und eine Messung mit Objekt. Die obere Kurve beschreibt die Referenzkurve ohne Objekt im Strahl. Die untere Kurve beschreibt die gemessene Intensität an den gleichen Schrittpositionen, allerdings mit einem Objekt im Strahl. Die geringere Amplitude der Kurve mit Objekt resultiert aus der Absorption der Röntgenstrahlen beim Durchgang durch das Objekt. Die Koeffizienten $a_1^{\,r}$, $a_1^{\,o}$, $a_0^{\,r}$, $a_0^{\,o}$, Φ_1^{r} und Φ_1^{o} beschreiben die Fourierkoeffizienten, die durch eine *Fast Fourier Transformation* aus den am Detektor gemessenen Intensitäten erhalten werden. Koeffizienten der Referenzmessung werden mit einem hochgestellten [r] benannt und Koeffizienten der Messkurve mit Objekt werden durch ein hochgestelltes [o] beschrieben. Die Referenzkurve und die Kurve mit Objekt sind Grundlage der Berechnung des Absorptions–, Phasen– und Dunkelfeldkontrasts [9, 71, 100].

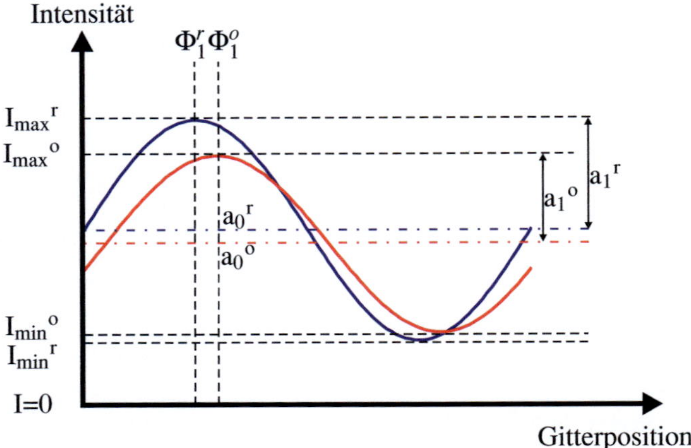

Bild 2.12.: Intensitätsmessung auf einem Pixel in Abhängigkeit der Rasterstellung für die Referenzmessung (oben) und die Messung eines Objekts (unten).

Die Transmission durch ein Objekt kann gemäß Lambert–Beerschen Gesetz aus den Fourierkoeffizienten der Referenzmessung $a_0{}^r$ und einer Messung mit Objekt $a_0{}^o$ ermittelt werden(Gleichung 2.19).

$$a_0{}^o = a_0{}^r\, e^{-\mu_{Lin}\, d} \tag{2.19}$$

Das Brechzahldekrement δ, welches Aussagen über den Phasenschub eines Materials erlaubt, ergibt sich gemäß Gleichung 2.20 aus dem Fourierkoeffizienten des Phasenschubs der Referenzmessung Φ_1^r und der Objektmessung Φ_1^o [41].

$$\delta \sim \Phi_1^r - \Phi_1^o \tag{2.20}$$

Das Dunkelfeldbild ergibt sich, wie in Gleichung 2.21 dargestellt aus den Visiblitätswerten der Referenzmessung und der Messung mit Objekt, die sich ihrerseits aus den Fourierkoeffizienten ergeben.

$$\frac{a_0^o}{a_0^r}\,\frac{a_1^r}{a_1^o} = \frac{V^r}{V^o} \tag{2.21}$$

Planare Ausbreitung der Röntgenstrahlen

Bei ebener Wellenfront wird das Phasengitter auf Höhe des Talbot–Abstands d_T gemäß Gleichung 2.22 selbst abgebildet. Der Talbot–Abstand hängt dabei von der Wellenlänge λ und der Periode des Phasengitters P_{G_1} ab [85, 100].

$$d_T = \frac{2\,P_{G_1}{}^2}{\lambda} \tag{2.22}$$

Zwischen Phasengitter und Talbot–Abstand entstehen weitere Abbildungen der Phasengitterperiodizität mit einer Periode P_f in den sogenannten fraktionalen Talbot–Ordnungen d_f. Entlang der Propagationsrichtung ist der Intensitätskontrast des Interferenzmusters in den ungeraden fraktionalen Talbot–Ordnungen am höchsten. Die Gitterdicke wird in der Praxis so eingestellt, dass das entsprechende Gittermaterial einen definierten Phasenschub von $\Delta\Phi = \pi$ oder $\Delta\Phi = \frac{\pi}{2}$ hervorruft. Die Periodizität des Interferenzmusters in den fraktionalen Talbot–Ordnungen kann für die beiden definierten Phasenverschiebungen nach Gleichung 2.23 berechnet werden.

$$P_{f_{(\Delta\Phi\,=\,\pi)}} = \frac{P_{G_1}}{2} \quad und \quad P_{f_{(\Delta\Phi\,=\,\frac{\pi}{2})})} = P_{G_1} \tag{2.23}$$

Die fraktionalen Talbot–Abstände berechnen sich für einen Phasenschub um π beziehungsweise um $\frac{\pi}{2}$ nach den Gleichungen 2.24 und 2.25 [85, 100].

$$d_{f_{\Delta\Phi\,=\,\pi}} = \frac{n}{16}\,d_T = n\,\frac{P_{G_1}{}^2}{8\,\lambda} \tag{2.24}$$

$$d_{f_{\Delta\Phi\,=\,\frac{\pi}{2}}} = \frac{n}{4}\,d_T = n\,\frac{P_{G_1}{}^2}{2\,\lambda} \tag{2.25}$$

Eine exemplarische Darstellung des Talbot–Musters für einen Phasenschub von $\Delta\Phi = \pi$ und $\Delta\Phi = \frac{\pi}{2}$ ist in Abbildung 2.13 für Phasengitter mit einem Tastverhältnis von 0,5 dargestellt. Das Tastverhältnis gibt dabei das Verhältnis von phasenschiebender Linienbreite und Gesamtperiode an. In Abbildung 2.13 (a) ist ein Phasenschub um $\Delta\Phi = \pi$ dargestellt. Zwischen Phasengitter und dem Talbot–Abstand liegen 15 fraktionale Talbot–Ordnungen. Das Talbot–Muster eines Phasengitters mit gleicher Periode und Tastverhältnis, allerdings für einen Phasenschub um $\Delta\Phi = \frac{\pi}{2}$ ist in Abbildung 2.13 (b) dargestellt. Bei einem Phasenschub um $\Delta\Phi = \frac{\pi}{2}$ liegen nur drei fraktionale Talbot–Ordnungen zwischen Phasengitter und Talbot–Abstand. Bei den fraktionalen Talbot–Ordnungen wird zwischen gerader Ordnung (d_f = 2,4,6,...) und ungerader Ordnung (d_f = 1,3,5,...) unterschieden. Es entstehen zwar sowohl in den fraktionalen Abständen gerader Ordnungen als auch in den fraktionalen Abständen ungerader Ordnungen Abbildungen der Periodizität des Phasengitters. Jedoch können nur ungerade Ordnungen für die Bildgebung genutzt werden, da in den geraden Ordnungen ein Interferenzmuster mit geringem Intensitätskontrast entsteht. Die ungeraden fraktionalen Talbot–Ordnungen hingegen weisen einen hohen Kontrast in vertikaler Richtung auf. Für die Herstellung von Analysatorgittern ist die Periodizität des Interferenzmusters in den fraktionalen Abständen von Bedeutung, da die Periodizität des Interferenzmuster mit der Periodizität der Analysatorgitter übereinstimmen muss.

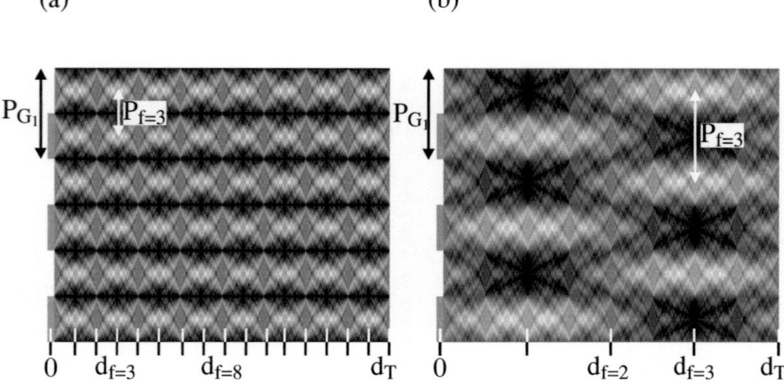

Bild 2.13.: Talbot–Muster für einen reinen Phasenschub von π (a) und $\frac{\pi}{2}$ (b) für ein Gitter mit einem Tastverhältnis von 0,5.

Für Anwendungen mit begrenztem Bauraum für ein Talbot–Interferometer besteht die Notwendigkeit Phasengitter mit sehr kleinen Perioden im Bereich weniger Mikrometer zu nutzen. Durch die kleinen Perioden rücken die fraktionalen Talbot–Abstände näher an das Phasengitter heran und reduzieren somit die Baugröße des Interferometers (Vergleiche Gleichung 2.22). Darüber hinaus wird eine Verringerung der Phasengitterperiode auch erforderlich, um bei gegebenem Bauraum die Sensitivität für den Phasenkontrast zu erhöhen. Je höher die fraktionale Talbot–Ordnung ist, in der gemessen wird, desto höher ist die Sensitivität für den Phasenschub. Dies liegt daran, dass die Winkelabweichung, die durch den Phasenschub hervorgerufen wird, zunimmt. Die Verringerung der Phasengitterperiode verringert ebenfalls die Periode der Interferenzmuster in den fraktionalen Talbot–Abständen und somit werden auch Analysatorgitter mit kleineren Perioden benötigt, um die Interferenzmuster im Submikrometerbereich auflösen zu können.

Die Entstehung der Talbot–Muster mit einem gitterbasierten Talbot–Interferometer setzt allerdings eine ausreichende transversale Kohärenz der Strahlung voraus. Dies ist an Synchrotronquellen aufgrund der kleinen Quellgröße und des großen Abstands zur Quelle häufig der Fall. Bei der Nutzung von Röntgenstrahlen einer Röntgenröhre wird Röntgenstrahlung emittiert, welche den Anforderungen an die Kohärenz zunächst nicht genügt.

Sphärische Ausbreitung der Röntgenstrahlen

Die Berechnung der Talbot–Abstände d_T eines Interferenzmusters basiert auf der Annahme einer ebenen Wellenfront, also einer hohen Parallelität der Röntgenstrahlen aufgrund eines unendlich großen Abstands zwischen Phasengitter und Quelle. In der Realität weist die emittierte Strahlung immer eine Divergenz auf, da der Abstand zwischen Quelle und Phasengitter 1 stets endlich ist. Aufgrund der Divergenz muss ein Vergrößerungsfaktor M einer Projektion in die Berechnungen berücksichtigt werden. Dieser Vergrößerungsfaktor setzt sich aus den geometrischen Zusammenhängen des Interferometeraufbaus gemäß Abbildung 2.14 zusammen und kann gemäß Gleichung 2.26 berechnet werden [26, 27, 41, 101].

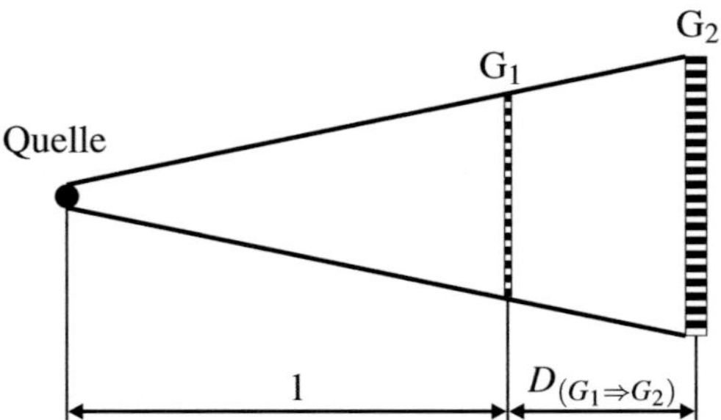

Bild 2.14.: Herleitung des Vergrößerungsfaktors für ein Talbot–Interferometer unter Nutzung einer sphärischen Strahlgeometrie.

$$M = \frac{l + D_{(G_1 \Rightarrow G_2)}}{l} \tag{2.26}$$

Bei Synchrotronstrahlrohren beträgt die Distanz zwischen Quelle und Phasengitter häufig zwischen 20 und 100 Meter, die Distanz zwischen Phasengitter und Analysatorgitter liegt hingegen häufig unter einem halben Meter. Daher ergibt sich für Synchrotronstrahlrohre ein Vergrößerungsfaktor M von etwa eins. Die Krümmung der Wellenfront kann daher bei diesen Quellen vernachlässigt werden [27, 101]. Der Vergrößerungsfaktor M gewinnt mit abnehmenden Baugrößen an Bedeutung. Bei Röntgenröhren ist ein exemplarischer Abstand zwischen Quelle und Phasengitter von einem halben Meter und ein Abstand zwischen Phasengitter und Analysatorgitter von einem halben Meter durchaus realistisch. Diese Abstandsverhältnisse resultieren bereits in einem Vergrößerungsfaktor von zwei. Der Vergrößerungsfaktor muss bei der Auslegung des Interferometers berücksichtigt werden. Die Änderung des Interferenzmuster bei einer sphärischen Strahlausbreitung muss bei der Auslegung der Gitterperiode des Analysatorgitters berücksichtigt werden, so dass die Periode des Analysatorgitters P_{G_2} und die Periode des Interferenzmusters P_f übereinstimmen. Dies wird durch Gleichung 2.27 beschrieben.

$$P^*_{G_{2(\Delta\Phi = \pi)}} = P^*_{f_{(\Delta\Phi = \pi)}} = M\,\frac{P_{G_1}}{2} \quad und \quad P^*_{G_{2(\Delta\Phi = \frac{\pi}{2})}} = P^*_{f_{(\Delta\Phi = \frac{\pi}{2})}} = M\,P_{G_1} \tag{2.27}$$

Für die Talbot–Abstände muss bei einer sphärischen Strahlausbreitung analog zu den Berechnungen der Perioden ebenfalls der Vergrößerungsfaktor M berücksichtigt werden.

$$d^*_f = M\,d_f \tag{2.28}$$

Gitterinterferometrie an Quellen niedriger transversaler Kohärenz

Die Berechnungen eines Talbot–Interferometers in den vorherigen Abschnitten setzen eine ausreichende transversale Kohärenz ξ voraus, um ein Gitterinterferometer nutzen zu können. Die transversale Kohärenz hängt dabei von der Quellgröße Q, der Wellenlänge λ und dem Abstand zwischen Quelle und Interferometer 1 ab und kann gemäß Gleichung 2.29 berechnet werden [30].

Bei Synchrotronquellen mit kleinen Quellgrößen und großen Abständen zwischen Quelle und Interferometer ist eine ausreichende transversale Kohärenz häufig gegeben. Bei Röntgenröhren liegen die Brennfleckgrößen dagegen häufig im Bereich von etwa 300 µm und der Abstand des Interferometers zur Quelle beträgt meist nur weniger als einen Meter. Diese Kombination aus großer Quellgröße und geringem Abstand zur Quelle führt dann zu einer nicht ausreichenden transversalen Kohärenz.

$$\xi = \frac{\lambda\,l}{Q} \tag{2.29}$$

Die für eine Bildgebung benötigte Mindestkohärenzlänge ξ_{min} auf Höhe des Phasengitters G_1 ist abhängig von der Periodizität des Phasengitters und somit auch des Talbot–Musters und dessen Entfernung vom Phasengitter, also der Talbot–Ordnung f. Der Zusammenhang der Mindestkohärenzlänge ist in Gleichung 2.30 dargestellt [72].

$$\xi_{min} = f\,P_f \tag{2.30}$$

Durch Gleichsetzen der Mindestkohärenzlänge ξ_{min} und der Kohärenzlänge ξ ergibt sich das Verhältnis des Quellabstands l (G_1 zur Quelle) mit der Quellgröße Q in Abhängigkeit zur Talbot–Ordnung f, der Periode des Phasengitters P_{G_1} und der Wellenlänge λ. Über einen Energiebereich von 5 keV–100 keV ist für Aufbauten mit einem Phasengitter der Periode 2,4 µm beziehungsweise einem Phasengitter der Periode 4,8 µm für eine exemplarische Messung in der dritten Talbot–Ordnung jeweils für einen Phasenschub von π und $\frac{\pi}{2}$ der benötigte Quellabstand l für eine Röntgenquellgröße von 300 µm (Abbildung 2.15 (a)) und eine benötigte Quellgröße Q für einen Quellabstand l=0,7 m (Abbildung 2.15 (b)) dargestellt. Die minimal benötigte transversale Kohärenzlänge kann erreicht werden,

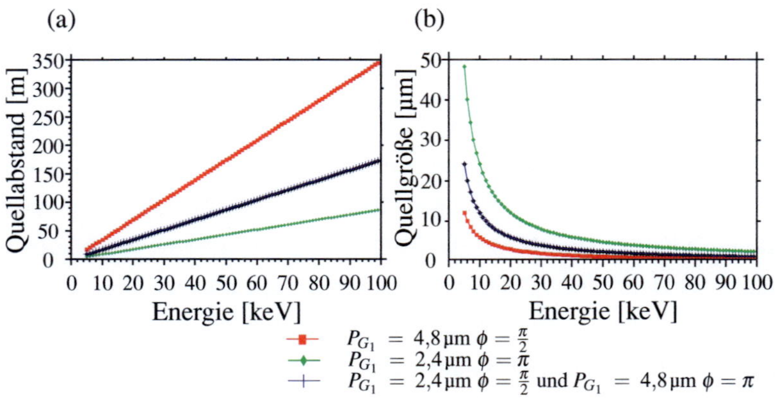

Bild 2.15.: Exemplarische Quellabstände (a) und Quellgrößen (b).

indem die Quellgröße minimiert oder der Quellabstand vergrößert wird. Da der Bauraum der Interferometer häufig auf unter einen Meter limitiert ist, muss die Quellgröße verändert werden, um die transversale Mindestkohärenz zu erreichen. Eine einfache Möglichkeit die Quellgröße zu minimieren ist die Nutzung einer Mikrofokusröntgenquelle mit einer Quellgröße kleiner als 10 µm. Eine weitere Möglichkeit ist die Nutzung einer Apertur mit einer Öffnung kleiner als 10 µm direkt hinter der Röntgenquelle. Beide Maßnahmen erlauben eine Minimierung der Quellgröße. Unter Anwendung einer Apertur wird jedoch die emittierte Intensität deutlich minimiert, da die Blende einen Großteil absorbiert.

Anstatt eine einzige Apertur zu nutzen wird eine zweidimensionales Anordnungen vieler Aperturen genutzt, bei welcher die individuellen Aperturen die Mindestkohärenzlänge erfüllen und die Summe an Aperturen die Intensität deutlich erhöht. Dieses Anordnung von Aperturen kann ebenfalls durch ein Gitter, dem so genannten Quellgitter G_0 erreicht werden. Das Quellgitter, welches einer Anordnung von Schlitzquellen im Mikrometerbereich entspricht, wird direkt hinter der Quelle platziert und wandelt eine Quelle mit großer Quellgröße in viele individuelle Quellen mit kleiner Quellgröße. Somit ist die Phasenkontrastbildgebung nicht mehr ausschließlich für Quellen hoher Kohärenz nutzbar, sondern kann auch an Quellen niedrigerer Kohärenz genutzt werden [9, 10, 72, 111].

Dieser Aufbau wird als Talbot–Lau Interferometer bezeichnet und ist in Abbildung 2.16 schematisch dargestellt. Die individuellen Schlitzquellen erzeugen in einem Dreigitteraufbau ein individuelles Interferenzmuster hinter dem Phasengitter. Um hohe Visibilitäten zu erhalten ist es notwendig, dass die individuellen Interferenzmuster sich auf Höhe der fraktionalen Talbot–Abstände positiv überlagern und nicht gegenseitig auslöschen. Dies wird durch die Auslegung der Periode P_0 des Quellgitters sichergestellt. Die Periode des Quellgitters kann durch den zweiten Strahlensatz aus dem Abstand l zwischen Quell – und Phasengitter, dem gewünschten fraktionalen Talbot–Abstand d_f und der Periode des Talbot–Musters P_f im fraktionalen

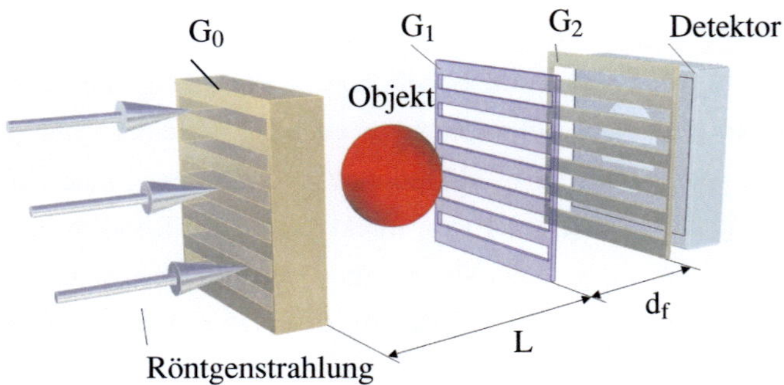

Bild 2.16.: Schematische Darstellung eines Talbot–Lau Interferometers. Das Quellgitter G$_0$ wird genutzt, um die Kohärenzbedingungen zu erfüllen. Das Phasengitter G$_1$ erzeugt ein Interferenzmuster, welches durch Rastern des Analysatorgitter G$_2$ aufgelöst werden kann.

Talbot–Abstand berechnet werden (Vergleiche Gleichung 2.31) [72].

$$P_{G_0} = \frac{P_f^* \, l}{d_f^*} = \frac{P_f \, l}{d_f} \qquad (2.31)$$

Unter Anwendung der Gleichungen 2.23 und 2.24 ergeben sich in Abhängigkeit der Periode P$_{G_1}$ und des Phasenschubs $\Delta\Phi = \pi$ des Phasengitters folgende Zusammenhänge.

$$P_{G_0(\Delta\Phi = \pi)} = \frac{P_{G_1} \, l}{2 \, d_f} = \frac{4 \, \lambda \, l}{f \, P_{G_1}} \qquad (2.32)$$

Für einen Aufbau mit einem Phasenschub von $\Delta\Phi = \frac{\pi}{2}$ gilt dann analog unter Anwendung der Gleichungen 2.23 und 2.25 .

$$P_{G_0(\Delta\Phi = \frac{\pi}{2})} = \frac{P_{G_1} \, l}{2 \, d_f} = \frac{2 \, \lambda \, l}{f \, P_{G_1}} \qquad (2.33)$$

Das Talbot–Lau Interferometer bietet die Möglichkeit, die Phasenkontrast Methode an Röntgenröhren zu nutzen und begrenzt die Methode somit nicht mehr auf die schwer zugänglichen Synchrotronquellen. Das ist ein wichtiger Schritt hin zur Implementierung der Methode in die medizinische Praxis. Denkbare Anwendungen in der Medizin sind der Einsatz in der Mammografie oder der Computertomografie.

2.3. Anforderungen an Gitter

Aus den oben beschriebenen Randbedingungen ergeben sich die Anforderungen an die Gitter. Diese Anforderungen sollen in den folgenden Absätzen kurz zusammengefasst und die Auslegung der Gitter beschrieben werden.

Konzeption eines Aufbaus zur Messung des differentiellen Phasenkontrasts

Bei der Auslegung eines Gitterinterferometers kann das Phasengitter G_1, wie in Abbildung 2.17 dargestellt, als zentrales Element gesehen werden. Die Dicke und somit der Phasenschub wird anhand der geforderten Energie bestimmt. Durch die Wahl der Periodizität des Phasengitters werden die Periodizität des Talbot–Musters und die fraktionalen Talbot–Abstände bestimmt. Diese bestimmen dann die Periodizität des Analysatorgitters. Die geforderte Mindestdicke des Analysatorgitters für eine Absorption von 80 % der Intensität wird ebenfalls durch die Energie bestimmt. Das Quellgitter hängt ebenfalls von den geometrischen Maßen des Phasengitters ab. Zunächst kann die transversale Kohärenzlänge der emittierten Röntgenstrahlung bestimmt werden. Die benötigte transversale Mindestkohärenzlänge hängt von der Periodizität des Phasengitters und der fraktionalen Talbot–Ordnung ab.

Wenn die emittierte Kohärenzlänge mindestens der transversalen Mindestkohärenzlänge entspricht, wird kein Quellgitter benötigt. Wenn nicht, dann wird ein Quellgitter benötigt, dessen Periodizität auch von der gewählten Energie, der Periode des Phasengitters und der gewählten fraktionalen Talbot–Ordnung abhängt.

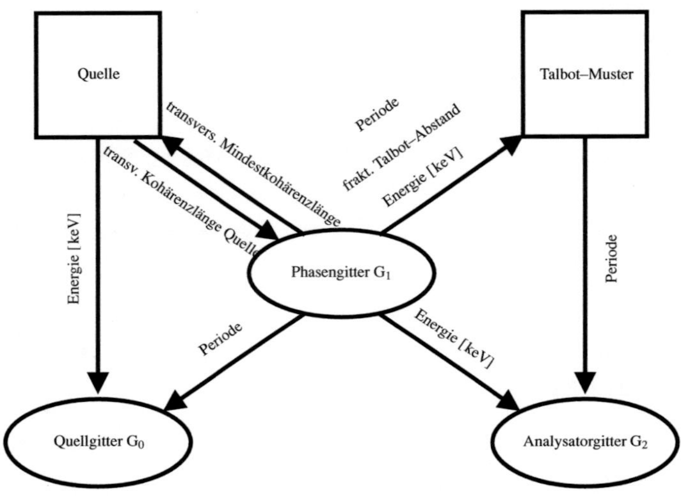

Bild 2.17.: Konzeption eines Aufbaus zur gitterbasierten Phasenkontrastbildgebung.

2.3.1. Anforderungen und Auslegung der Phasengitter

In einem Talbot–Interferometer wird eine maximale Visibilität erreicht, wenn das Analysatorgitter in einem ungeraden fraktionalen Abstand platziert wird. Dieser Abstand hängt im Besonderen von der Höhe der Lamellen des Phasengitters und der somit erzeugten Phasenverschiebung ab (Vergleiche Tabelle in Anhang A). Ein Phasengitter unterschiedlicher lokaler Dicke oder mit Materialeinschlüssen, wie beispielsweise Luftblasen oder Verunreinigungen verschiebt die Phase ungleichmässig und die fraktionalen Talbot–Abstände befinden sich nicht mehr auf einer Höhe hinter dem

Phasengitter in Propagationsrichtung. Wird ein Analysatorgitter in einer fraktionalen Talbot–Ordnung platziert, stimmt die Position also nur dort, wo die tatsächliche Dicke des Phasengitters und der berechnete Talbot–Abstand übereinstimmen. Bei Abweichungen der Dicke ist die Position des Analysatorgitters somit nicht mehr korrekt und die Visibilität nimmt ab. Auch Abweichungen der Phasengitter von ihrer Sollgeometrie verändern die Periodizität des Musters und somit das entstehende Interferenzmuster (Vergl. Gleichung 2.23). Die Periodizität des Analysatorgitters und das Interferenzmuster stimmen dann nicht mehr überein und es kommt zu einer Verringerung der Visibilität. Daher ist die Anforderung an Phasengitter eine hohe Strukturtreue und homogene Dicke der phasenschiebenden periodisch angeordneten Strukturen. Bei der Auslegung eines Talbot–Interferometers wird festgelegt, um welchen Betrag die Periode verschoben werden soll. In der Praxis wird das Talbot–Muster durch einen Phasenschub von $\Delta\Phi = \frac{\pi}{2}$ oder $\Delta\Phi = \pi$ erzeugt. Für einen Phasenschub von $\Delta\Phi = \pi$ kann die benötigte Dicke d des Phasengitters gemäß Gleichung 2.11 zu $d_{\Delta\Phi=\pi} = \frac{\lambda}{2\,\delta}$ berechnet werden. Für einen Phasenschub von $\Delta\Phi = \frac{\pi}{2}$ wird die Gitterdicke d dementsprechend zu $d_{\Delta\Phi=\frac{\pi}{2}} = \frac{\lambda}{4\,\delta}$ berechnet. Im Besonderen für Anwendungen im Bereich niedriger Energien wird ein phasenschiebendes Material benötigt, welches eine niedrige Absorption aufweist. Ein Phasenschub mit einhergehender hoher Absorption verringert den Photonenfluss und begrenzt somit wiederum die maximal erreichbaren Visibilität. Aufgrund einer hohen Homogenität der Stromdichteverteilung und einer niedrigen Oberflächenrauhheit [35] wird im Rahmen dieser Arbeit hauptsächlich Glanznickel für die Herstellung der Phasengitter verwendet. Die Herstellung von Phasengitter aus den Materialen Gold, SU–8 und MR–X[2] ist darüber hinaus auch möglich.

---

[2]MR–X ist ein modifizierter SU–8 Lack.

Eine Tabelle der benötigten Phasengitterdicken für die Materialien Gold, Nickel, SU–8 und MR–X befindet sich in tabellarischer Form in Anhang A. Die Phasengitterdicken sind ausgelegt für Phasenverschiebungen von π und $\frac{\pi}{2}$ für den genutzten Energiebereich von 5 keV –100 keV.

2.3.2. Anforderungen und Auslegung der Quell- und Analysatorgitter

Analysatorgitter

Da das Analysatorgitter genutzt wird, um das generierte Talbot–Muster abzurastern, ist für eine hohe Visibilität eine möglichst genaue Übereinstimmung der Analysatorgitterperiode mit der Periodizität des Talbot–Musters nötig. Abweichungen in der Periodizität des Analysatorgitters verringern dabei die Visibilität. Im ungünstigsten Fall wird die Periodizität des Analysatorgitters um eine halbe Periode verschoben. Somit bilden die auf dem dahinter liegenden Pixel gemessenen Intensitäten stets den gleichen Mittelwert und es ist keine Visibilität messbar. Zu niedrige Absorberstrukturen, zeigen ebenfalls einen negativen Einfluss auf die erreichbare Visibilität. Mit zunehmender Tranmsission durch die Absorberstrukturen erhöht sich die Intensität in den abgeschatteten Bereichen. Die Differenz der gemessenen Intensität bei Abschattung und bei maximalem Durchlass wird kleiner und somit verringert sich die Visibilität.

Es werden also Gitter benötigt, welche die Röntgenstrahlung im Bereich der Absorberstrukturen nahezu vollständig absorbieren. Als Richtwert für die Mindestdicke der Absorberstrukturen kann der Erfahrungswert für eine maximal zulässige Transmission von 20 % herangezogen werden. Unter Nutzung eines monochromatischen[3] Spektrums muss bei einer Resttransmission von 20 % mit einer Visibilitätsminderung von etwa 30 % gerechnet werden [105]. Abbildung 2.18 zeigt exemplarisch drei Transmissionskurven für Goldabsorber. Aus diesen Kurven können die Mindestabsorber-

---

[3]Licht einer Wellenlänge

dicken für charakteristische Energien der Mammografie, welche zwischen 25 keV und 40 keV entnommen werden [13]. Aufbauten für Vorsorgeuntersuchungen bei einer exemplarischen Energie von 29 keV setzen demnach eine Mindestabsorberdicke von 30 µm voraus, während bei Energien oberhalb von 40 keV eine Mindestabsorberdicke von etwa 70 µm benötigt wird. Somit ist für Analysatorgitter der Absorberdicke 70 µm eine akzeptablen Visibilität oberhalb 40 keV und eine sehr gute Visibilität bei 29 keV zu erwarten. Aufgrund der höheren Dichte der zu untersuchenden Objekte ist die notwendige Energie, um Objekte zu durchdringen im Bereich der Materialwissenschaften, im Besonderen in der Metallografie, deutlich höher als bei der Mammografie [39]. Um eine Absorption von 80 % bei einer Energie oberhalb der Absorptionskante bei 81 keV zu erzielen sind bereits deutlich dickere Absorberschichten nötig, dies ist in Abbildung 2.18 exemplarisch für eine Energie von 100 keV und einer daraus hervorgehenden Absorbermindestdicke von 160 µm dargestellt.

Quellgitter

Da das Quellgitter die punktförmige Quelle unzureichender transversaler Kohärenz durch mehrere individuelle schlitzförmige Quellen ausreichender transversaler Kohärenz ersetzt, muss deren Breite so ausgelegt werden, dass die Anforderungen an die Kohärenz erfüllt werden. Daher gilt gemäß den Bedingungen zur Kohärenz Gleichung 2.30. Die Periode des Quellgitters P_{G_0} hängt daher direkt von der Periode des Talbot–Musters ab und muss zum Phasengitter passen. Da das Quellgitter als eine Anordnung unabhängiger Quellen betrachtet wird, deren Interferenzmuster sich konstruktiv überlagern sollten, bewirken Verbiegungen der Absorberstrukturen des Quellgitters, dass sich die Intensitätsmuster der einzelnen Spalte nicht mehr konstruktiv überlagern und so das Gesamtintensitätsmuster abgeschwächt wird [72].

Neben Verbiegungen zeigt auch eine unzureichende Absorberdicke einen

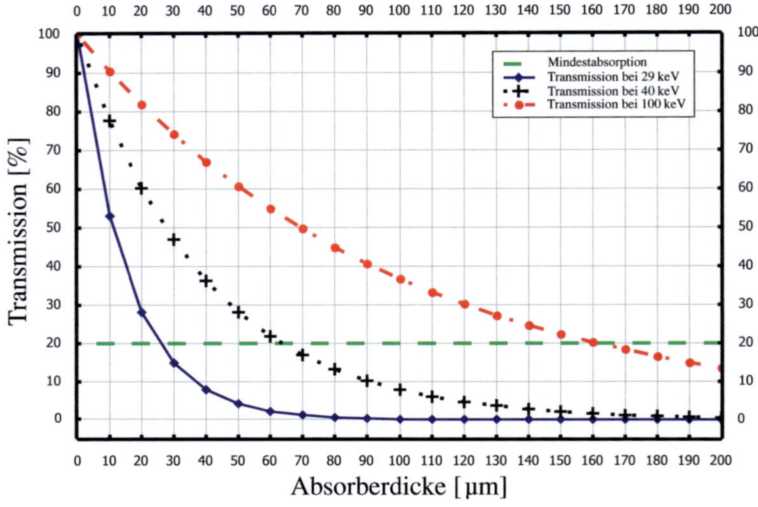

Bild 2.18.: Die Transmissionskurven stellen die Resttransmission durch die Goldabsorberstrukturen eines Analysatorgitter in Abhängigkeit der Energie dar. Für die Auslegung eines Analysatorgitters geht daraus die Mindestabsorberdicke und somit das geforderte Aspektverhältnis hervor.

negativen Einfluss, da die Visibilität aufgrund der Resttransmission durch die Absorberstrukturen reduziert wird. Des weiteren ist eine Resttransmission durch die Absorberstrukturen des Quellgitters im Besonderen in der medizinischen Anwendung kritisch, da die Dosisbelastung für einen Patienten, welcher sich zwischen dem Quellgitter G_0 und dem Analysatorgitter G_2 befindet, unnötig erhöht wird.

2.4. Simulation der Visibilität

Die Visibilität eines Talbot–Gitterinterferometers hängt von den Randbedingungen eines Gesamtsystems, wie der Kohärenz der genutzten Quelle, der Energie, den fraktionalen Talbot–Ordnungen in welchen gemessen wird und der Qualität und Anzahl der genutzten Gitter ab. Um die experimentell erzielte Visibilität eines Gittersatzes zu bewerten, stellen Simulationen eine Referenzmöglichkeit dar, um die erzielte Visibilität von Randbedingungen des Aufbaus zu entkoppeln. Die Simulationen basieren auf einer Wellenfeldpropagation und wurden vom Kooperationspartner der TU München durchgeführt und sind in [104] ausführlich beschrieben. Die Propagationsmethode betrachtet dabei auch den Durchgang einer Wellenfront durch Gittermodelle, welche die Qualität der im Experiment genutzten Gitter widerspiegeln sollen.

2.4.1. Gittermodelle

Um diese Interaktionen der Röntgenstrahlung mit dem Phasen– und Analysatorgitter zu simulieren, wird zunächst ein zweidimensionales Gittermodell für die verschiedenen Gitter erstellt. Dieses zweidimensionale Gittermodell erlaubt es, charakteristische geometrische Eigenschaften des Gitters in das Modell einfließen zu lassen. Der Gitterparameter mit dem größten Einfluss auf die Bildgebung ist die Dicke der phasenverschiebenden Lamellen, da eine wesentliche Veränderung des Interferenzmusters hinter dem Phasengitter herbeigeführt wird. Diese Veränderung verschiebt die fraktionalen Talbot–Abstände und das Analysatorgitter befindet sich somit nicht mehr auf der korrekten Position. Im Falle der Analysatorgitter bestimmt die Gitterdicke die Resttransmission durch die Gitterlamellen. Je höher diese Resttransmission ist, desto schlechter wird die Visibilität (Vergleiche Gleichung 2.18). Als weiterer Einfluss auf die Visibilität gilt das Tastverhältnis. Prozesstechnologisch bedingte Variationen des Tastverhältnisses werden daher auch in den Modellen berücksichtigt. Aus Stabilitätsgründen werden im Besonderen bei Analysatorgittern mit hohen Aspektverhältnissen Verstärkungsstrukturen benötigt, um ein Kollabieren der Lamellen zu vermeiden (Vergleiche Kapitel 5.7). Diese Verstärkungsbrücken fließen ebenfalls mit in die Gittermodelle ein. Die Abweichungen entstehen in Form von Verbiegungen der Lamellen. Diese Abweichungen werden in den zweidimensionalen Gittermodellen berücksichtigt. Zwei exemplarische Gittermodelle sind in Abbildung 2.19 dargestellt. Ein 8 µm hohes Phasengitter mit einem Tastverhältnis von 0,6 und optimal geradlinigen Lamellen ohne Verstärkungsstrukturen ist in Abbildung 2.19 (a) abgebildet. In Abbildung 2.19 (b) hingegen ist ein 95 µm dickes Analysatorgittermodell mit einem Tastverhältnis von 0,5 und den für die Stabilität benötigten Verstärkungsbrücken und den prozesstechnologisch bedingten Verbiegungen dargestellt [104].

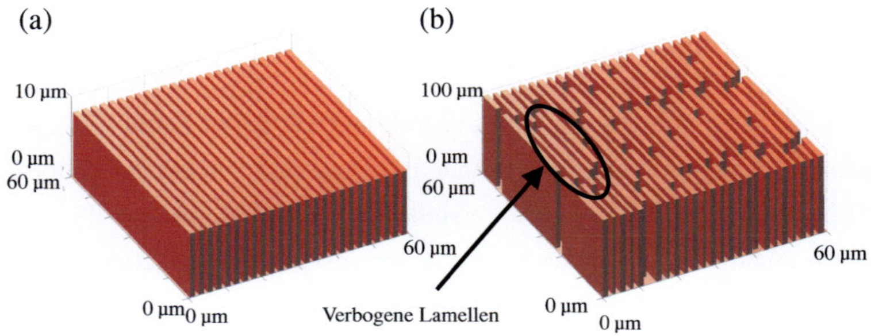

Bild 2.19.: Perfektes Phasengittermodell der Höhe 8 µm (a) und Analysatorgittermodell der Höhe 95 µm mit Verbiegungen, wie sie prozessbedingt in der Realität auftreten können (b) [104].

2.4.2. Reale Quelle und Quellgitter

Ein Faktor mit großem Einfluss auf die Visibilität ist die Strahlungsquelle. So kann davon ausgegangen werden, dass Synchrotronstrahlung erzeugt durch einen *Undulator* die höchste Visibilität liefert, gefolgt von *Wigglern* und *Ablenkmagneten*. Bei Röntgenröhren ist aufgrund der niedrigeren Kohärenz eine geringere erreichbare Visibilität zu erwarten.

Die am Detektor gemessene Intensitätsverteilung kann mittels Wellenfeldpropagation und den Gittermodellen ebenfalls simuliert werden. Ein Zweigitteraufbau an einer kohärenten Synchrotronquelle liefert eine Intensitätsverteilung, wie in Abbildung 2.20 (a) dargestellt. Bei einem Dreigitter-aufbau an einer Quelle unzureichender Kohärenz wird die Intensitätsvertei-lung am Detektor verschmiert. Das Muster weist, wie in Abbildung 2.20 (b) dargestellt, keine klaren Kanten mehr auf. Aufgrund des verschmierten In-tensitätsmusters sind für einen Dreigitteraufbau deutlich geringere Visibili-täten zu erwarten [104].

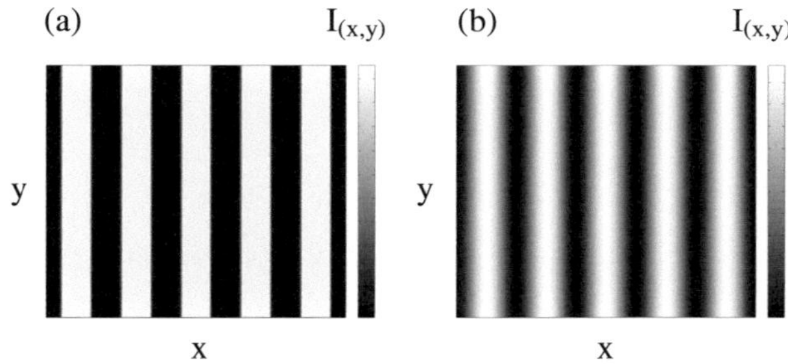

Bild 2.20.: Intensitätsmuster ohne (a) und mit (b) Quellgitter [104].

3. Stand der Technik

3.1. Herstellung röntgenoptischer Gitter in Silizium

Die Herstellung röntgenoptischer Gitter für die differentielle Phasenkontrast–Bildgebung (DPCI) kann durch Anwendung verschiedener Prozesstechnologien erfolgen. Ein Ansatz der Gitterfertigung besteht aus einem Silizium Ätzprozess mit anschließendem elektrochemischen Abscheiden der Goldabsorber [19]. Dieser Herstellungsablauf erlaubt die Herstellung von Gittern mit hoher Strukturtreue bis zu einem Aspektverhältnis von 12. Für höhere Aspektverhältnisse ist dieser Prozess allerdings nicht geeignet, da keine Galvanikstartschicht mehr in die Kavitäten abgeschieden werden kann [19].

Für die Herstellung von Strukturen mit höheren Aspektverhältnissen wird somit eine Alternative zu dieser Prozesstechnik benötigt. Hier eignet sich in besonderem Maße der LIGA–Prozess[1], welcher für die Herstellung von Strukturen mit hohen Aspektverhältnissen entwickelt wurde [57, 58]. Im Rahmen des Prozesses wird ein fotoempfindlicher Lack mit Röntgenstrahlung über eine Maske strukturiert und die Kavitäten werden elektrochemisch gefüllt. Die hergestellten Strukturen können entweder als direktlithografische Bauteile verwendet werden [60, 69] oder für eine Fertigung größerer Stückzahlen als Form zur Polymerreplikation genutzt werden [106].

---

[1]LIGA ist ein Akronym für die Fertigungsabfolge aus Lithografie, Galvanik und Abformung

3.2. Herstellung von Röntgengittern mittels LIGA

Der Herstellungsprozess für röntgenoptische Gitter beginnt, wie in Abbildung 3.1 (a) dargestellt auf einem mit einer 2 μm dicken Titanschicht beschichteten Siliziumsubstrat. In einem ersten Schritt wird das Titan oxidiert, um die Haftung der Mikrostrukturen durch eine höhere Oberflächenrauhigkeit zu verbessern. Hier erweist sich ein Oxidationsbad aus Natriumhydroxid–Wasserstoffperoxid–Lösung als besonders erfolgreich. Die Eignung dieser Oxidschicht hinsichtlich Haftung, Genauigkeit, Defektfreiheit und Kompatibilität mit den weiteren Ligaprozessschritten wurde in früheren Arbeiten bereits gezeigt [55, 63]. In einem zweiten Schritt wird der fotoempfindliche Lack aufgebracht (Abbildung 3.1 (b)).

Im Hinblick auf die spätere Anwendung in dieser Arbeit wird eine Schichtdicke von etwa 150 μm benötigt. Hierfür ist das Schleuderverfahren, welches Beschichtungen mit homogenen Schichtdicken bis zu einer Schichtdicke von etwa 200 μm erlaubt, ausreichend. Der Fotolack wird dann, wie in Abbildung 3.1 (c) illustriert, röntgentiefenlithografisch strukturiert [11, 34, 58, 63]. Nach dem Belichten wird bei Negativlacken die Vernetzung in einem Temperschritt, dem so genannten Post Exposure Bake (PEB) durchgeführt. In einem anschließenden Entwicklungsprozess werden die unvernetzten Bereiche herausgelöst. Dieser Entwicklungsprozess ist in Abbildung 3.1 (d) dargestellt. In einem abschließenden Galvanikschritt werden, wie in Abbildung 3.1 (e) abgebildet, die Absorberstrukturen elektrochemisch in die Kavitäten abgeschieden [18].

Ein mittels LIGA–Prozess hergestelltes Gitter nach dem Entwicklungsschritt ist in Abbildung 3.2 dargestellt [76]. Die Lücken im Fotolack, welche in einem späteren Prozessschritt mit dem Absorbermaterial gefüllt werden, weisen eine Länge von 30 μm auf. Als stabilisierende Elemente sind statistisch verteilte Verstärkungsbrücken der Länge 3 μm vorgesehen (Vergleiche Kapitel 5.8).

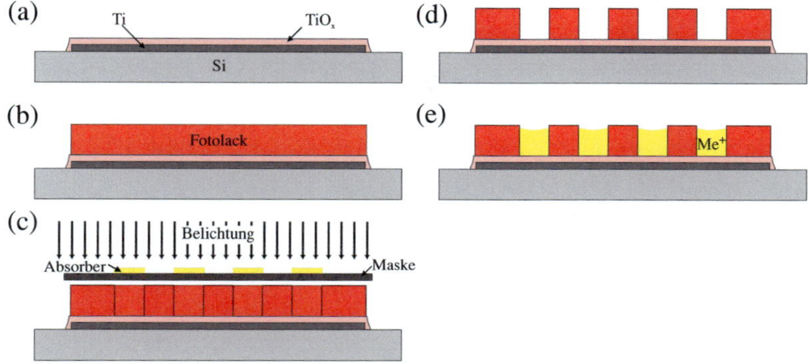

Bild 3.1.: Herstellungssequenz röntgenoptischer Gitter unter Nutzung des LIGA–Prozesses.

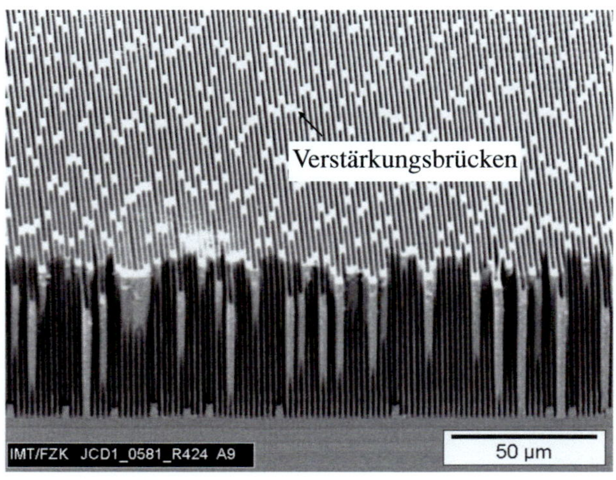

Bild 3.2.: Standardlayout der Periode 2,4 µm und einer Lackhöhe von 60 µm [76].

3.3. Eigenschaften von Fotolacken

Im Bereich der Lacke ist heute eine Vielzahl von Lacken erhältlich. Anwendungsabhängig sind diese Lacke hinsichtlich der verschiedensten Eigenschaften optimiert. In der Röntgenlithografie haben allerdings nur der Positivlack PMMA und der Negativlack SU–8 und seine Modifikationen, wie die MR–X Formulierung Einzug gehalten. Im Fall des Positivlacks PMMA wird, wie in Abbildung 3.3 (a) dargestellt, bei der Belichtung ein in einem hochmolekularen Ausgangszustand vorliegendes Polymer aufgespalten und durch eine anschließende Entwicklung gelöst. Die unbelichteten Bereiche bleiben auch nach der Entwicklung bestehen.

Die Strukturierung von Negativlacken läuft, wie in Abbildung 3.3 (b) skizziert ab. Bei Negativlacken liegt ein Gemisch aus einem Lösungsmittel, einer fotoempfindlichen Komponente und einem Epoxidharz vor, welches zunächst keine Vernetzungen aufweist. Erst durch die Belichtung wird die Vernetzung initiiert [58].

(a)   (b)

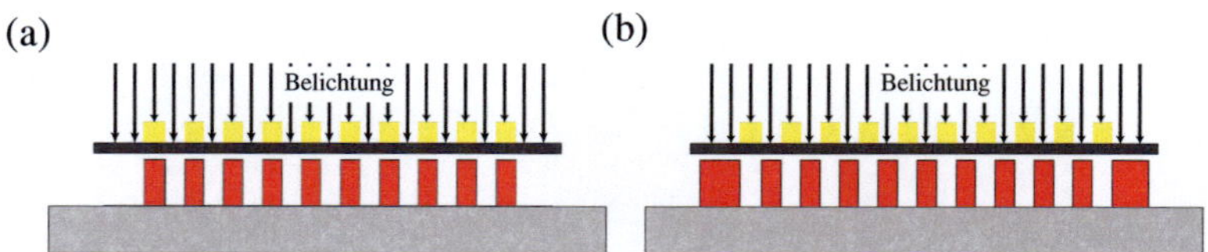

Bild 3.3.: Verbleibende Strukturen nach der Entwicklung von Positivlack (a) und Negativlack (b).

Entscheidend für die Anwendbarkeit eines Fotolacks sind seine Empfindlichkeit und sein Kontrast, welche anhand von Kontrastkurven bestimmt werden können. Die Empfindlichkeit gibt den dosisabhängigen Startpunkt D_A einer Vernetzung oder Degradation des Polymers bei der Belichtung an. Der Kontrast beschreibt den Übergang zwischen bestrahltem und unbestrahltem Fotolack. Empfindlichkeit und Kontrasts eines Fotolacks können durch so genannte Kontrastkurven ermittelt werden, welche schematisch in Abbildung 3.4 für einen Positiv– und einen Negativlack dargestellt ist.

Der Positivlack liegt zunächst vollständig vernetzt vor und wird durch die Belichtung degradiert. Die Degradation des Positivlacks beginnt bei einem Anfangsdosiswert D_A und ist bei einem Enddosiswert D_E vollständig abgeschlossen. Die Strukturierung eines Negativlacks verläuft umgekehrt. Ein zunächst unvernetzter Fotolack vernetzt ab einem Anfangsdosiswert D_A, wobei ein Enddosiswert D_E zu einer vollständigen Vernetzung des Lacks führt [58]. Ein empfindlicher Fotolack beginnt bereits bei niedrigen Anfangsdosiswerten D_A zu vernetzen oder zu degradieren. Bei einem Fotolack mit hohem Kontrast liegen der Anfangsdosiswert D_A und der Enddosiswert D_E nahe beieinander. Die Degradation oder Vernetzung läuft in einem schmalen Dosisbereich ab. Eine hohe Empfindlichkeit ermöglicht kurze Belichtungszeiten und somit eine kostengünstige Prozessierung.

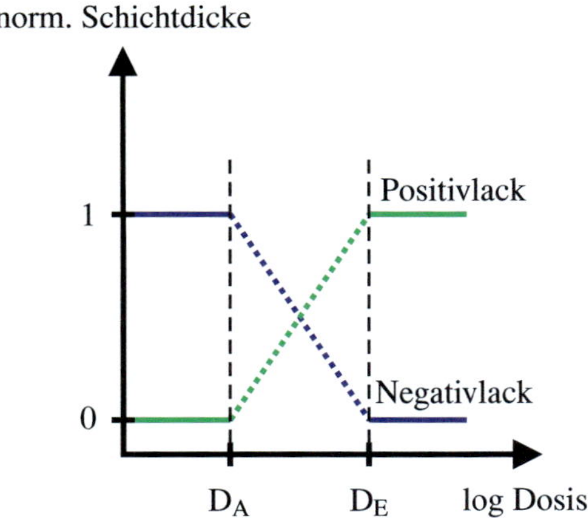

Bild 3.4.: Schematische Darstellung von Kontrastkurven für Positiv- und Negativlacke.

Zur Belichtung mit unterschiedlichen Dosiswerten auf einem Substrat wird am Litho 2 Strahlrohr an ANKA eine Halterung genutzt, wie sie in Abbildung 3.5 dargestellt ist. Die Halterung besitzt 32 Öffnungen (Abbildung 3.5 (a)), welche mit unterschiedlich starken Aluminiumfiltern bestückt werden können. Dies resultiert in unterschiedlich starken Absorptionswerten der Strahlung und somit in verschiedenen Dosiseinträgen auf dem Substrat. Eine dem Substrat zugewandte Ansicht mit unterschiedlichen Filtern ist in Abbildung 3.5 (b) abgebildet. Der dosisabhängige Grad der Degradation oder Vernetzung kann anhand der verbleibenden Schichtdicke nach der Entwicklung gemessen werden und liefert somit die Daten für die Erstellung der Kontrastkurven [37]. Dies ist notwendig, um die verschiedenen Lacke miteinander zu vergleichen und den am besten geeigneten Lack auszuwählen.

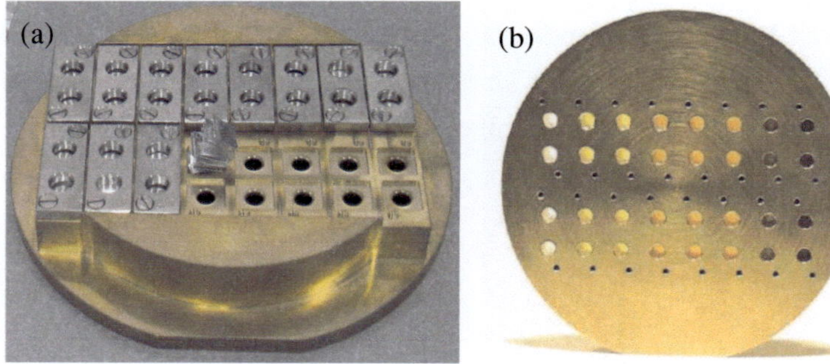

Bild 3.5.: Halterung zur Belichtung eines Substrats mit unterschiedlichen Dosiswerten [37].

4. Abschätzung der Gitterstabilität

In diesem Kapitel sollen die Vorarbeiten zur Herstellung der Gitterstrukturen beschrieben werden. In die Vorarbeiten geht die Auswahl eines geeigneten Lackes ebenso ein, wie die Abschätzung der auftretenden Kräfte und Spannungen in den Strukturen während der Prozessschritte in Flüssigkeiten, also dem Entwickeln und der Galvanik.

4.1. Qualifizierung geeigneter Fotolacke

Um Strukturen mit hohen Aspektverhältnissen bei gleichzeitig kleinen lateralen Größen in der Größenordnung eines Mikrometers zu strukturieren, muss die Eignung der verwendeten Fotolacke genauer betrachtet werden. Eine wesentliche Rolle spielt hierbei die mechanische Stabilität des Fotolacks. Gesichtspunkte wie Spannungsverhalten der Lackmatrix, Quellverhalten in Flüssigkeiten, die thermische Ausdehnung und der Schrumpf bei Verwendung von Negativlacken müssen bei der Lackauswahl berücksichtigt werden.

Im Rahmen dieser Arbeit wurden drei verschiedene Lacke für die Nutzung zur Gitterstrukturierung in Betracht gezogen. Basierend auf den Erkenntnissen bezüglich ihrer mechanischen Stabilität und Strukturtreue sowie Prozessierbarkeit, wurde der am besten geeignete Lack ausgewählt.

4.1.1. Positivlack

Zunächst wurde der am Institut für Mikrostrukturtechnik verfügbare und im Rahmen des LIGA Prozesses bewährte Positivlack PMMA auf seine Eignung zur röntgentiefenlithografischen Strukturierung mikrooptischer Gitter betrachtet.

PMMA

Polymethylmethacrylat (PMMA) ist ein etablierter Positivlack, welcher seine Eignung für das LIGA–Verfahren bereits vielfach gezeigt hat [58]. Er besitzt einen hohen Kontrast, weist allerdings eine geringe Empfindlichkeit auf. Der Fotolack liegt in einer hochmolekularen Form vor. Durch die Belichtung werden die Polymerketten zerstört und das Polymer somit lokal zu einem Oligomer mit geringem Molekulargewicht reduziert. Die kurzkettigen Moleküle können in einem anschließenden Entwicklungsschritt herausgelöst werden [1, 58]. Wie Vorarbeiten zeigen, kommt es im Verlauf der Herstellung röntgenoptischer Gitter mit PMMA, wie in Abbildung 4.1 dargestellt zu einem gänzlichen Ablösen der PMMA Linienstrukturen. Auch eine direkt nach der Strukturierung durchgeführte „nass in nass" Galvanik, resultiert in einem gänzlichen Ablösen und Verziehen der Linienstrukturen bereits bei relativ geringen Aspektverhältnissen von etwa 15. Bei der Strukturierung von Gittern mit PMMA werden hohe Spannungen im Lack und ein großes Quellverhalten beobachtet [14, 54, 96]. Als Grund für die hohen Spannungen wird die Versprödung des Fotolacks während der Bestrahlung angenommen.

Ein weiterer grundlegender Nachteil von Positivlacken für die Anwendung als röntgenoptische Komponenten ist ihre mangelhafte Röntgenstabilität. Bei der Nutzung als röntgenoptische Komponente wird das Bauteil aus Positivlack einer permanenten Belichtung mit Röntgenstrahlung ausgesetzt. Die zur Strukturierung genutzte Modifikation der Polymere läuft so bei der Nutzung permanent ab. Bereits in früheren Arbeiten wurde fest-

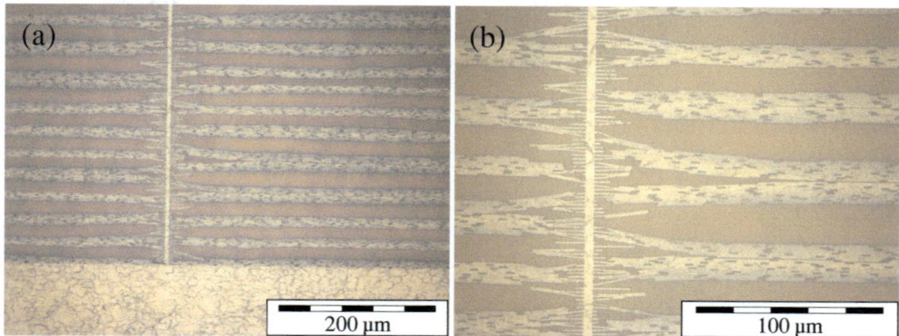

Bild 4.1.: PMMA–Gitterstrukturen mit einer Periode von 2 µm und einer Schichtdicke von 30 µm.

gestellt, dass PMMA ab einer absorbierten Dosis von $1 \, \frac{kJ}{cm^3}$ zersetzt wird. Bei einem Experiment unter Nutzung von Röntgenlinsen aus PMMA zeigten die Strukturen unter monochromatischen Bedingungen am Synchrotron eine Haltbarkeit von weniger als einer Stunde [69]. Aufgrund dieser Erkenntnisse, wird der Einsatz von PMMA als Lack zur Herstellung röntgenoptischer Gitter nicht weiter verfolgt.

4.1.2. Negativlack

Im Rahmen dieser Arbeit wird die Eignung des häufig genutzten Negativlacks SU–8 zur Herstellung röntgenoptischer Gitter analysiert. Als Alternative wird ein neuartiger Negativlack der Firma *micro resist technology GmbH* mit der Bezeichnung MR–X bezüglich der Eignung zur Gitterherstellung untersucht.

SU–8

Ein Negativlack, welcher sich für die röntgentiefenlithografische Strukturierung eignet und über eine ausreichende Röntgenstabilität verfügt ist SU–8 [69]. SU–8 besteht aus einem Epoxydharz, Lösungsmittel und einer fotoaktiven Komponente (PAK). Durch die Belichtung bildet die fotoaktive Komponente eine Lewis Säure, welche in einem nachfolgenden Temperaturschritt Wasserstoffprotonen bildet. Diese dienen dann als Katalysator für eine Kettenreaktion der Epoxydharzmoleküle. Mit dem Überschreiten der Glasübergangstemperatur von 55 °C für den unvernetzten Fotolack steigt die Bewegungsgeschwindigkeit der Epoxydharzmoleküle und die Vernetzung der belichteten Bereiche läuft ab [58, 89]. SU–8 zeichnet sich durch seine hohe Empfindlichkeit bei gleichzeitig moderatem Kontrast aus (Vergleiche Abbildung 4.6). Die prinzipielle Eignung von SU–8 für die Gitterherstellung bei Aspektverhältnissen im Lack bis etwa 50 konnte bereits in früheren Arbeiten gezeigt werden [76]. Im Rahmen der vorliegenden Arbeit entstandene Gitterstrukturen aus SU–8 sind in Abbildung 4.2 dargestellt, wobei Abbildung 4.2 (a) ein Gitter der Periode 2,4 µm mit einer Lackhöhe von 60 µm nach dem Entwicklungsschritt und Abbildung 4.2 (b) das selbe Gitter nach der Galvanik zeigt. Die abgebildeten Absorberlamellen weisen eine Länge von 30 µm auf. Zwischen den Absorberlamellen befinden sich zur Stabilisierung der Strukturen Verstärkungsbrücken mit einer Länge von 3 µm (Vergleiche Kapitel 5.8). Für moderate Aspektverhältnisse bis 50 eignet sich SU–8 somit unter Nutzung des Standardlayouts für die Herstellung röntgenoptischer Gitter.

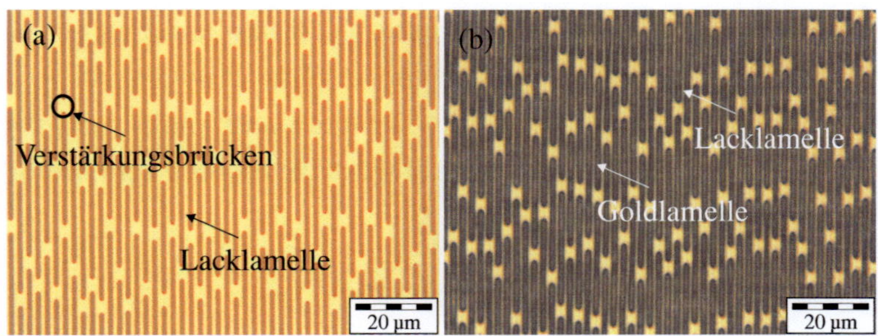

Bild 4.2.: In SU–8 strukturierte Gitter der Periode 2,4 µm und einer Höhe von 60 µm im Fotolack (a) und nach anschließender galvanischer Abscheidung von 45 µm Gold (b).

Für diese Gitterstrukturen mit Aspektverhältnissen größer 50 treten aufgrund von Spannungen im Fotolack vermehrt Abweichungen der Strukturen vom Sollzustand auf. Bereits nach dem Entwicklungsschritt zeigen die Strukturen Deformationen auf. Diese Deformationen sind in Abbildung 4.3 (a + b) in zwei verschiedenen Vergrößerungen dargestellt. Auch bei Variationen des Temperschritts von einer Stunde bis zu vier Stunden, sowie Änderungen der Aufheiz– und Abkühlrampen von dreißig Minuten bis zu zwei Stunden ergaben sich keine Veränderungen hinsichtlich der Deformationen.

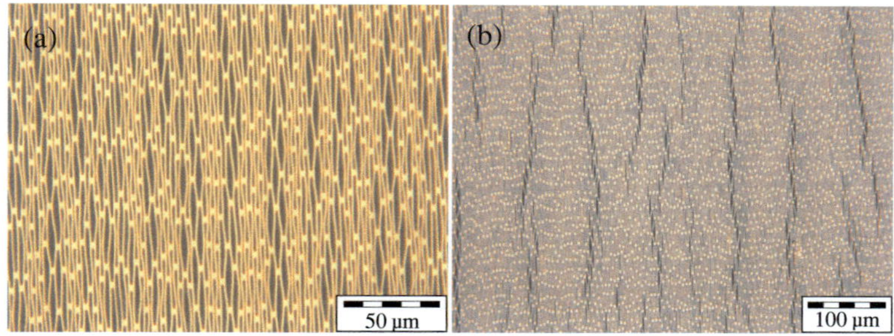

Bild 4.3.: Lichtmikroskopische Aufnahme einer deformierten Gitterstruktur aus SU–8 mit 50–facher (a) und 25–facher Vergrößerung (b).

Bei Aspektverhältnissen größer 50 treten neben den Spannungen aufgrund der hohen Empfindlichkeit des Fotolacks vermehrt Vernetzungen im Bereich unter den Maskenabsorber einer Zwischenmaske auf. Diese Vernetzungen unterbinden lokal die Verbindung zur elektrisch leitfähigen Galvanikstartschicht und resultieren in einer Unterbrechung des Galvanikstroms. Die Stromdichte einer galvanischen Abscheidung hängt von der zu galvanisierenden Fläche ab, welche anhand des Layouts bestimmt wird. Bei lokalen Vernetzungen unter den Maskenabsorbern ändert sich die Galvanikfläche. Es ergeben sich unterschiedliche Aufwachsgeschwindigkeiten und damit unterschiedliche Absorberhöhen bis hin zu Überwachsungen. Abbildung 4.4 stellt eine Gitterstruktur mit den Vernetzungen unter den

Maskenabsorbern, der so genannten Häutchenbildung dar. Um die Häutchenbildung an der Substratoberfläche mit einem Rasterelektronenmikroskop zu betrachten, wird die strukturierte Lackmatrix nach der Galvanik durch Brechen des Substrats freigestellt und von der Unterseite betrachtet (Vergleiche Abbildung 4.4 (a)).

Die Häutchenbildung resultiert aus einer Überlagerung mehrerer Effekte, welche den lokalen Dosiseintrag während der Belichtung derart erhöht, dass der Fotolack auch in den von den Maskenabsorbern abgeschatteten Bereichen vernetzt. Eine lokale Erhöhung des Dosiseintrags kann sich aus Fluoreszenzeffekten, Fotoelektronen im Fotolack und einer zu geringen Maskenhöhe zusammensetzen. Eine starke Häutchenbildung an der Substratoberfläche, wie in Abbildung 4.4 (b) und (c) dargestellt weist dabei darauf hin, dass die Fluoreszenzeffekte an der metallischen Galvanikstartschicht in Kombination mit den anderen Effekten ausreicht, um den Fotolack zu vernetzen. Im Fall von Häutchenbildung aufgrund von ausgeprägten Fluoreszenz Effekten, werden die Röntgenstrahlen beim Eintritt in die Titanoberfläche des Substrats ungerichtet zurückgestreut und auch durch die Maske abgeschattete Bereiche werden belichtet. Charakteristisch sind hier die hellen Stellen innerhalb der Lamellen, an welchen die Galvanik zumindest in Teilen der Lamellen gestartet ist (Vergleiche Abbildung 4.4 (b) und (c)). An den dunklen Stellen ist durch das Brechen des Substrat zwar das Häutchen aufgerissen, es ist allerdings keine Galvanik gestartet.

Ein weiterer Grund für ein inhomogenes galvanisches Wachstum sind Lackablagerungen inmitten der Lackmatrix, wie in Abbildung 4.4 (d) dargestellt. Durch Sekundärelektronen werden Röntgenstrahlen beim Durchgang durch den Fotolack gestreut und belichten somit auch abgeschattete Bereiche. Bei besonders empfindlichen Fotolacken, wie SU–8 ist die Wahrscheinlichkeit solcher Belichtungen unter den Maskenabsorbern höher als bei unempfindlicheren Lacken, da bereits eine relativ niedrige Dosisablagerung zur Vernetzung ausreicht. Diese unter dem Maskenabsorber vernetzten Strukturen bleiben auch nach einem Entwicklungsschritt bestehen und verhindern in der Galvanik die Diffusion der Metallionen in die Kavitäten. Nach dem Entfernen des Lacks können die abgeschiedenen Metalllamellen betrachtet werden und unter dem Maskenabsorber vernetzten Bereiche werden sichtbar.

Auffällig ist, dass die in Abbildung 4.4 (d) dargestellte Absorberstruktur niedriger ist als die sie umgebenden Strukturen. Grund hierfür sind die in der Mitte des Bildes sichtbaren Löcher, an denen Lackablagerungen das Galvanikwachstum behindert haben.

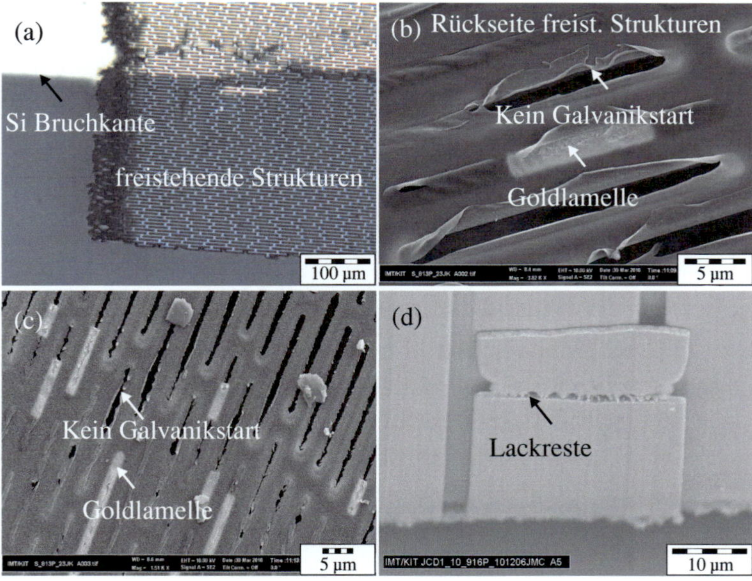

Bild 4.4.: Häutchenbildung an der Galvanikstartschicht des Substrats (a und b) und inmitten der Lackmatrix (c).

Ergebnisse der Galvanik von Gitterstrukturen mit Häutchenbildung sind in Abbildung 4.5 exemplarisch mit einer Periode von 2,4 µm dargestellt. Eine Konditionierung der Galvanikstartschicht mittels reaktivem Ionenätzen (RIE) zeigte eine leichte Verbesserung des Galvanikstarts, da die ge-

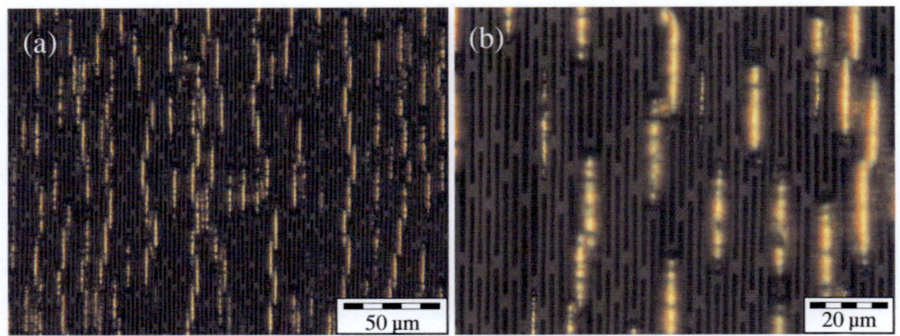

Bild 4.5.: Ungleichmässig aufgalvanisierte Gitterstrukturen.

richtet beschleunigten Ionen dünne Lackhäutchen perforieren können. Mit zunehmenden Aspektverhältnissen nehmen auch die Vernetzungen unter den Maskenabsorbern zu und ein Galvanikstart kann auch mit einer Konditionierung durch einen RIE[1]–Schritt nicht mehr sichergestellt werden.

Mit zunehmenden Aspektverhältnissen muss die Nutzung eines härteren Belichtungsspektrums in Betracht gezogen werden, da der Bestrahlungsaufwand durch das härtere Spektrum deutlich verkürzt werden kann. Des weiteren verspricht eine Reduktion der Empfindlichkeit des Fotolacks in diesem Fall eine Minimierung der Vernetzung unter den Maskenabsorbern, da eine höhere Dosis abgelagert werden muss, um eine Vernetzung des Lacks in den abgeschatteten Bereichen auszulösen.

MR–X

Eine Alternative zu den SU–8 Lacken bieten die MR–X Fotolacke von Microresist Technology. Hierbei handelt es sich um Negativlacke, welche im Rahmen des Innoliga–Projekts für die Röntgentiefenlithografie optimiert wurden [37]. MR–X Lacke bestehen aus einer auf SU–8 basierenden Zusammensetzung. Der Lack besteht aus einem bisphenolharzbasiertem Festharzgemisch, einem Säuregenerator, γ–Butyrolacton als Lösemittel und einem Säure/Base–Puffer. Ein Vergleich der Kontrastkurven der neuen MR–

---

[1]reactive ion etching

X Lacke und herkömmlicher SU–8 Lacken ist in Abbildung 4.6 dargestellt. Das steilere Ansteigen der Kurve des MR–X Lackes kennzeichnen, dass der Lack einen höheren Kontrast als SU–8 besitzt. Der Kontrast eines Fotolackes berechnet sich dabei gemäß Gleichung 4.1. Anhand des Dosiswertes D_A, bei welchem die Vernetzung des Fotolacks bei 10 % liegt und dem Dosiswertes D_E, bei welchem bereits eine Vernetzung von 90 % vorliegt, kann der Kontrast des Fotolacks berechnet und mit anderen Fotolacken verglichen werden. Um die Messtoleranzen auszugleichen und eine bessere Vergleichbarkeit der Lacke zu erreichen, wurden die gemessenen Dosiswerte durch einen Richards–Fit optimiert, da dieser die Kontrastkurven am besten beschreibt [51].

$$\gamma = \left(log_{10} \left(\frac{D_E}{D_A} \right) \right)^{-1} \tag{4.1}$$

Der Kontrast der vorliegenden SU–8 und MR–X Lacke beläuft sich auf einen Wert von 1,05 für den SU–8 Lack und einen Wert von 7,1 für den MR–X Lack. Der MR–X Lack bietet also einen um den Faktor 7 höheren Kontrast als vergleichbare SU–8 Lacke.

Während die Vernetzung der SU–8 Lacke bereits bei Dosiswerten von etwa einem $\frac{J}{cm^3}$ beginnt, startet die Vernetzung der MR–X Lacke oberhalb einer abgelagerten Dosis von zehn $\frac{J}{cm^3}$. Die MR–X Lacke sind aufgrund der beigemischten Pufferlösung um einen Faktor von zehn unempfindlicher, was eine größere Toleranz für prozesstechnische Abweichungen bietet. Ein weiterer Unterschied beider Lacke ist die Konstanz ihrer Kontrastkurven. Bei SU–8 Lacken unterscheiden sich die Kontrastkurven des gleichen Lacks in Abhängigkeit des verwendeten Gebindes teils deutlich. Die Kontrastkurven unterschiedlicher Gebinde eines MR–X Lacks zeigten hier eine höhere Konsistenz.

Die MR–X Lacke zeigen in der röntgentiefenlithografischen Anwendung eine deutlich geringere Häutchen– und Spannungsrissbildung, was als vorteilhaft für die Herstellung von Gitterstrukturen mit Aspektverhältnissen

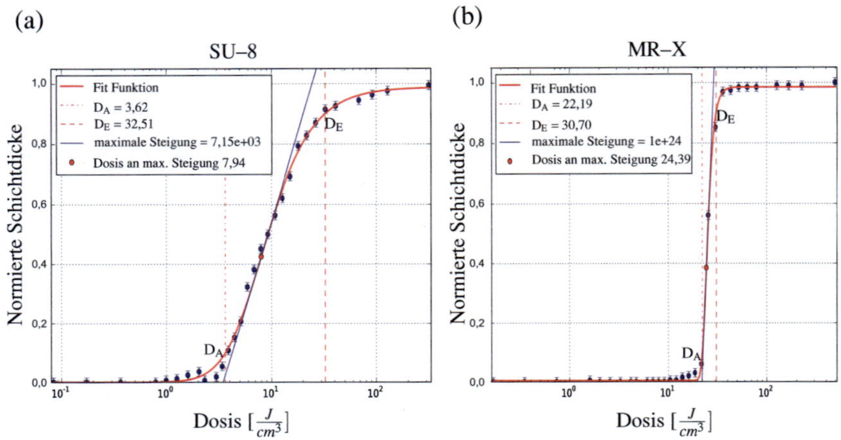

Bild 4.6.: Vergleich zweier exemplarischer Kontrastkurven von SU–8 (a) und MR–X (b) Lacken.

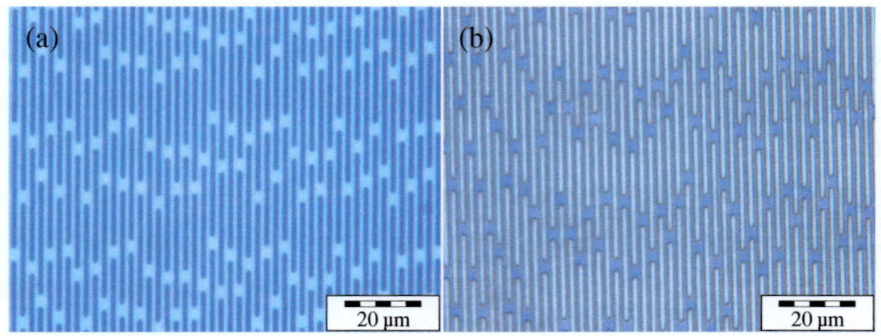

Bild 4.7.: Gitterstrukturen der Periode 2,4 µm in MR–X Lack (a) und anschließender homogener Galvanik (b).

größer 50 zu sehen ist. Neben der geringeren Häutchenbildung werden auch deutlich weniger verbleibende Lackreste innerhalb von Mikrostrukturen mit kleinen lateralen Abmessungen beobachtet. MR–X Lacke erlauben die Herstellung von Gitterstrukturen mit Aspektverhältnissen größer 50, wie in Abbildung 4.7 (a) für die Fotolackmatrix eines Gitters der Periode 2,4 µm und einer Lackhöhe von 70 µm dargestellt ist. Eine darauf folgenden Galvanik zeigt eine homogene Abscheidung in alle Kavitäten (Abbildung 4.7 (b)).

4.2. Spannungen im Fotolack

Die während der Fertigung beobachteten Verbiegungen der Gitterstrukturen deuten auf mechanische Spannungen hin. Diese treten in der Regel während Prozessschritten in Flüssigkeiten und Prozeschritten mit Temperaturgradienten auf. Die auftretenden Spannungen σ in einem Fotolack setzen sich aus der intrinsischen Spannung σ_{int}, der thermischen Eigenspannung σ_{th} und der extrinsischen Spannung σ_{ext} zusammen [74]. Die intrinsische Spannung beschreibt hauptsächlich den Schrumpf beim Vernetzen des Fotolacks. Thermische Eigenspannungen werden durch die auftretenden Prozesstemperaturen hervorgerufen und extrinsische Spannungen beschreiben die Wechselwirkung mit der Umgebung. Letztere können als klein angesehen werden, weshalb die extrinsische Kraft im Folgenden vernachlässigt wird.

$$\sigma = \sigma_{int} + \sigma_{th} + \sigma_{ext} \tag{4.2}$$

Thermische Eigenspannungen können anhand Gleichung 4.3 abgeschätzt werden und hängen vom E–Modul E und der Poissonzahl v des Lacks ab. Außerdem hängt die thermische Eigenspannung σ_{th} von den Ausdehnungskoeffizienten des Substrats α_S, des Fotolacks α_L und der durch den Temperschritt eingebrachten Temperaturdifferenz ΔT ab [52].

$$\sigma_{th} = \frac{E}{1-v} \left(\alpha_S - \alpha_L\right) \Delta T \tag{4.3}$$

Die in der Prozessierung entscheidenden Parameter für die thermische Eigenspannung sind die thermischen Ausdehnungskoeffizienten des Substrats α_S und des Lacks α_L, da die restlichen Parameter durch die eingesetzten Materialien vorgegeben sind und nur marginal durch die Prozessführung beeinflusst werden können [52]. Das Elastizitätsmodul der unterschiedlichen Lacke hängt dabei stark von der Prozessführung ab. Faktoren wie der Restlösemittelgehalt und der Dosiseintrag bei der Belichtung, sowie die Temperatur während der Trocknung beeinflussen das Elastizitätsmodul der Lacke. Somit sind in der Literatur für SU–8 Lacke unterschiedliche Werte in einem Bereich von 2,5 GPa bis etwa 5,5 GPa zu finden [7, 23, 53]. Untersuchungen des MR–X Lackes ergaben bei Variationen der Prozessparameter ebenfalls einen Elastizitätsmodul, welcher im Bereich des SU–8 Lackes liegt [52]. Die Zusammensetzung des MR–X Lacks zeigt somit keinen Einfluss auf den thermischen Ausdehnungskoeffizienten des Lacks α_L, und die thermischen Eigenspannungen σ_{th} beider Lacke liegen bei etwa 9 MPa^2 [52]. Thermische Eigenspannungen können somit als alleiniger Grund für die deutlichen Unterschiede in der Prozessierung der Negativlacke SU–8 und MR–X ausgeschlossen werden.

Die intrinsischen Spannungen σ_{int} verschiedener Lacke, welche den Schrumpf des Lackes während der Vernetzung beschreiben, wurden bereits in mehreren Arbeiten genauer betrachtet und berechnet. Bei der Herstellung kommen Polymere in Form von Fotolacken als auch Metalle in Form der Absorberstrukturen und Silizium als Trägersubstrat zum Einsatz. Da die Polymere im Gegensatz zu den Metallen und Silizium schrumpft, entstehen in dem Materialienverbund Spannungen. So wird für SU–8 Lacke von intrinsischen Spannungen im Bereich von 11 bis 16 MPa berichtet [53, 83], bei MR–X Lacken werden die intrinsischen Spannungen im Bereich von 5 bis 7 MPa angegeben [52]. Dieser Unterschied in den intrinsischen Spannungen entsteht durch eine Modifikation der Lackrezeptur, dem Beimischen einer so genannten Pufferlösung bei den MR–X Lacken. Das

---

^{2}unter Zugrundelegung eines E-Moduls im Bereich von 2,3 GPa bis 2,9 GPa

häufigere Aufkommen von Spannungsrissen unter Anwendung von SU–8 Lacken im Vergleich zu den MR–X Lacken kann durch diese Modifikation begründet werden.

4.2.1. Ergebnis der Lackauswahl

Aufgrund der Röntgenstabilität und der Kompatibilität mit dem LIGA Prozess eignen sich die getesteten Negativlacke für die Herstellung von röntgenoptischen Gittern mit hohen Aspektverhältnissen. Bei Lackschichtdicken bis etwa 50 µm zeigen sowohl SU–8 als auch MR–X Lacke gute Ergebnisse. Für dickere Lackschichten bieten die MR–X Lacke aufgrund ihrer geringeren Empfindlichkeit und des hohen Kontrasts deutliche Vorteile. Die Toleranz für prozesstechnologische Schwankungen ist größer. Während der Temperschritte erfahren die Lacke eine Superposition aus thermischen Eigenspannungen und intrinsischen Spannungen. Da die intrinsischen Spannungen σ_{int} beim Schrumpf von SU–8 etwa doppelt so hoch sind als bei MR–X Lacken, resultiert die Nutzung von SU–8 Lacken häufiger in Spannungsrissen. Daher werden im Rahmen dieser Arbeit MR–X Lacke für die Herstellung der Gitterstrukturen ausgewählt.

4.3. Kräfte und Spannungen in flüssigen Medien

Im Zuge der Gitterherstellung erfolgen einige Prozessschritte in flüssigen Medien, wie beispielsweise die Entwicklung oder die Galvanik. Darüber hinaus treten im Verlaufe der Prozessierung ein unterschiedlicher thermischer Eintrag, teils in Kombination mit den Flüssigkeitsschritten auf. Daher ist eine Abschätzung der dabei auftretenden Kräfte auf die Strukturen nötig.

Einfluss der Oberflächenspannung

Innerhalb einer Flüssigkeit ziehen sich die Moleküle durch Kohäsionskräfte gegenseitig an, wobei im Inneren eines Mediums ein Kräftegleichgewicht herrscht, weil die Kräfte aus allen Richtungen wirken und gleich groß sind. Die Kohäsionskräfte sorgen dafür, dass Moleküle in den Randbereichen nach innen streben, da von außen keine Kräfte wirken. Somit wird die Oberfläche minimiert. An den Schnittstellen zu anderen Medien wirken den inneren Kohäsionskräften die Adhäsionskräfte entgegen. Diese Kraftverhältnisse an Schnittstellen verschiedener Medien wird als Oberflächenspannung σ bezeichnet [33]. Das Verhältnis von Adhäsions– und Kohäsionskräften bestimmt die Form der Kontaktfläche und somit auch die Ausprägung von Menisken an der Grenzfläche flüssiger Medien, wie es beispielsweise in Kapillaren der Fall ist. Ist die Adhäsionskraft größer als die Kohäsionskraft, benetzt die Flüssigkeit. Keine Benetzung findet statt, wenn sie kleiner ist. Die Kontaktfläche wird kleiner und der Winkel des Meniskus wird größer. Die Ausprägung der Menisken wird durch den Kontaktwinkel θ beschrieben. Die Oberflächenspannung σ an der Schnittstelle eines flüssigen und eines festen Mediums setzt sich gemäß Gleichung 4.4 aus der Kapillarkraft F_{Kap} und der Länge b der Kapillaren zusammen. Somit kann die Kapillarkraft als Streckenlast bestehend aus der Oberflächenspannung σ über die Länge b verstanden werden (Vgl. Gleichung 4.5).

$$\sigma = \frac{F_{Kap}}{b} \tag{4.4}$$

$$F_{Kap} = \sigma\, b \tag{4.5}$$

Die Oberflächenspannung wirkt, wie in Abbildung 4.8 dargestellt in Form einer Streckenlast der Länge b auf die begrenzende Seitenwand. Der Kontaktwinkel θ schließt dabei die Seitenwand und die Kapillarkraft ein.

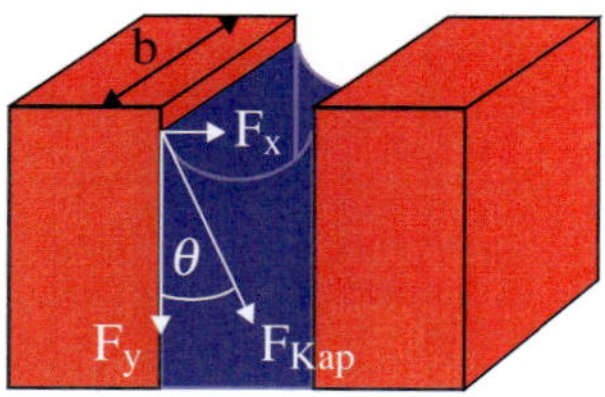

Bild 4.8.: Kräfteparallelogramm der Kapillarkraft.

Wird die Kapillarkraft, wie in Abbildung 4.8 in ihren vertikalen und horizontalen Teil zerlegt, so gilt:

$$F_x = F_{Kap} \sin\theta = \sigma\, b \sin\theta \qquad (4.6)$$

$$F_y = F_{Kap} \cos\theta = \sigma\, b \cos\theta \qquad (4.7)$$

Verbiegungen der Polymerlamellen werden durch die aus der Oberflächenspannung hervorgehende Kraft F_x hervorgerufen, welche der horizontalen Komponente der Kapillarkraft entspricht. Sie wirkt zum Beispiel während des Trocknens der Strukturen. Bei der Entwicklung der Polymerstrukturen werden als Flüssigkeiten der Entwickler Propylenglykolmonomethylethylacetat (PGMEA) und anschließend Isopropanol (IPA) verwendet und nach der Galvanik deionisiertes Wasser als Spülmedium. Für Wasser und Isopropanol sind in Tabelle 4.1 die resultierenden horizontalen Kraftkomponenten für ausgewählte Lamellenlängen von 30 µm bis 20 mm berechnet. Aufgrund des deutlich unterschiedlichen Kontaktwinkels und der unterschiedlichen Oberflächenspannung, liegt etwa ein Faktor von 95 zwischen den horizontalen Kapillarkraftkomponenten beider Flüssigkeiten. Mit zunehmender Lamellenlänge b steigt aber auch das Widerstandsmoment der Strukturen, so dass sich dieser Einfluss aufhebt.

	Kontaktwinkel θ [°]	Oberflächen–spannung σ [$\frac{N}{m}$]	Lamellenlänge b [µm]	horizontale Kraft F_x [µN]	Plattendruck p_x [bar]
IPA	2° [114]	$2,1*10^{-2}$ [114]	30	0,2	$6,2*10^{-5}$
IPA	2°	$2,1*10^{-2}$	1000	7,5	$6,2*10^{-5}$
IPA	2°	$2,1*10^{-2}$	10000	74,7	$6,2*10^{-5}$
IPA	2°	$2,1*10^{-2}$	20000	149,4	$6,2*10^{-5}$
H_2O	73,1° [113]	$7,3*10^{-2}$ [38]	30	20,96	$580*10^{-5}$
H_2O	73,1°	$7,3*10^{-2}$	1000	698,5	$580*10^{-5}$
H_2O	73,1°	$7,3*10^{-2}$	10000	6985,1	$580*10^{-5}$
H_2O	73,1°	$7,3*10^{-2}$	20000	13970,2	$580*10^{-5}$

Tabelle 4.1.: Materialeigenschaften von Wasser (H_2O) und Isopropanol (IPA) auf SU–8 Strukturen und die daraus hervorgehende horizontale Kapillarkraftkomponente.

Die Oberflächenspannung ist nicht die einzige Komponente, welche zu Verformungen der Polymerstrukturen führen kann. So kommt es durch den Trocknungsprozess der Flüssigkeiten zu Druckdifferenzen an den Phasengrenzen, welche ebenfalls Kräfte auf die Polymerwände ausüben.

Einfluss des Drucks beim Phasenübergang

Der Druck auf die Strukturen während des Trocknens der Flüssigkeit kann durch die Berechnung der Druckverhältnisse abgeschätzt werden. Beim Übergang der flüssigen zur gasförmigen Phase entsteht eine Druckdifferenz, welche eine Abweichung der Strukturen von ihrer Sollgeometrie begünstigt. Im Folgenden sollen die Druckverhältnisse in Abhängigkeit zur Gitterdicke abgeschätzt werden. Die Laplace–Gleichung beschreibt die Druckverhältnisse an einem Meniskus, wie er in Kapillaren auftreten kann. Der Druck p_i auf der konkaven Seite des Meniskus ist dabei stets größer, als der Druck p_a auf der konvexen Seite.

Das Druckverhältnis hängt dabei von Oberflächenspannung σ und Radius des Meniskus r_M ab und kann gemäß Gleichung 4.8 berechnet werden [6].

$$p_i = p_a + \frac{2\,\sigma}{r_M} \tag{4.8}$$

Gemäß der Laplace–Gleichung wirkt in einer Kapillaren an der Innenseite des Meniskus, also der konvexen Seite der Druck p_a, welcher dem Umgebungsdruck p_0 und der Oberflächenspannung entgegenwirkt (Vergleiche Gleichung 4.9).

$$p_a = p_0 - \frac{2\,\sigma}{r_M} \tag{4.9}$$

Für den Radius des Meniskus r_M gelten die Berechnungen für ein Kreissegment [115]. Der Winkel des Mensikenradius α geht dabei, wie in Abbildung 4.9 dargestellt, aus dem Oberflächenwinkel θ hervor.

$$\alpha = 180 - 2\,\theta \tag{4.10}$$

Die Kreissegmenthöhe h_S berechnet sich gemäß Gleichung 4.11 in Abhängigkeit der Kanalbreite s und des Meniskenwinkel α.

$$h_S = \frac{s}{2}\, tan\left(\frac{\alpha}{4}\right) \tag{4.11}$$

Der Radius des Meniskus r_M berechnet sich schließlich gemäß Gleichung 4.12 aus der Kreissegmenthöhe h_S und der Kanalbreite s.

$$r_M = \frac{4\,h_S^2 + s^2}{8\,h_S} \tag{4.12}$$

Mit abnehmender Höhe h der Flüssigkeitssäule wirkt dem Druck durch die Oberflächenspannung $\frac{2\,\sigma}{r_M}$ der hydrostatische Druck $\rho\,g\,h$ entgegen, bis am unteren Ende der Kapillare wieder Umgebungsdruck erreicht wird. Der Druckverlauf innerhalb einer Kapillare ist in Abbildung 4.10 (a) dargestellt. Im Extremfall wirkt dem Druck durch die Oberflächenspannung also kein

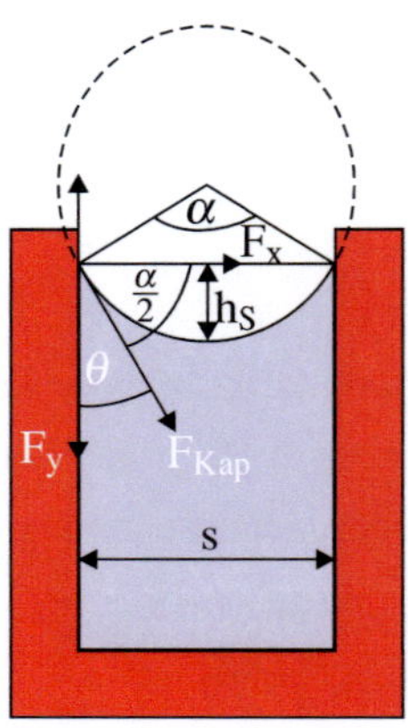

Bild 4.9.: Darstellung der geometrischen Zusammenhänge in einer Kapillare.

hydrostatischer Druck entgegen. Für eine Abschätzung der auf die Strukturen wirkenden maximalen Kräfte soll daher dieser Extremfall für eine Druckdifferenz Δp am Meniskus angenommen werden.

$$\Delta p = \frac{2\,\sigma}{r_M} \qquad (4.13)$$

Während der Entwicklung werden die Bäder schnell gewechselt und es kommt idealerweise nicht zum Verdunsten. Bei der Entwicklung der Gitterstrukturen wird IPA als letztes Spülmedium genutzt und anschließend aus den Kavitäten verdampft. Bei der Galvanik wird deionisiertes Wasser als Spülmedium nach dem Elektrolyt verwendet, welches ebenfalls bei der Trocknung verdampft. Für eine exemplarische Kapillare der Breite 1,2 μm sind die durch den Phasenübergang auftretetenden Drücke für IPA und deionisertes Wasser in Tabelle 4.2 dargestellt.

Die berechnete Druckdifferenz Δp zwischen Umgebungsdruck und dem Meniskus übersteigt deutlich den Wert des Dampfdrucks der jeweiligen Flüssigkeiten, weshalb von Blasensieden ausgegangen werden muss. Aufgrund des Blasensiedens entspricht die maximale Druckdifferenz am Meniskus dem Dampfdruck der jeweiligen Flüssigkeiten. Die Deformation der

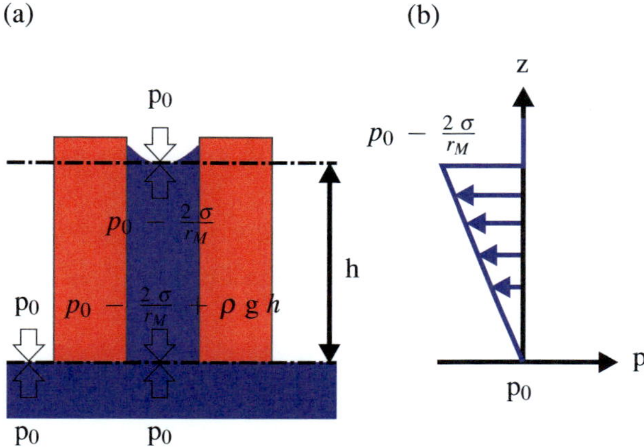

Bild 4.10.: Druckverteilung innerhalb einer Kapillaren.

	Kreissegmenthöhe h_S [m]	Meniskenradius r_M [m]	Druckdifferenz am Meniskus Δp [$\frac{N}{m^2}$]	Dampfdruck q_F bei 30 °C [$\frac{N}{m^2}$]
IPA	$9,4 * 10^{-7}$	$6,6 * 10^{-7}$	$0,7 * 10^5$	$0,082 * 10^5$ [21]
H_2O	$2,4 * 10^{-7}$	$8,7 * 10^{-7}$	$1,7 * 10^5$	$0,042 * 10^5$ [97]

Tabelle 4.2.: Druckdifferenz Δp aufgrund des Druckgradienten beim Verdampfen der Flüssigkeiten und der aus der Literatur entnommene Dampfdruck.

Gitterstrukturen wird durch eine Superposition des Dampfdrucks beim Phasenübergang und der Kapillarkraft hervorgerufen. Der Einfachheit halber soll an dieser Stelle jedoch nur der Dampfdruck in die Abschätzungen einfliessen, da dieser der gewichtigere Faktor ist und die Drücke durch die Kapillarkraft um etwa einen Faktor von 690 übersteigt.

4.3.1. Spannungsanalyse

Die Gitterstrukturen können vereinfacht betrachtet mit einer einseitig eingespannten rechteckigen Platte verglichen werden. Das Flächenträgheitsmoment I_y einer rechteckigen Platte berechnet sich dabei nach Gleichung 4.14 aus der Plattenstärke d und der Länge b der Platte.

$$I_y = \frac{b\,d^3}{12} \tag{4.14}$$

Um die lineare Komponente des Dampdfdrucks q_0 zu erhalten wird zunächst die Länge der Platte b mit dem Dampdfdrucks q_F multipliziert.

$$q_0 = q_F\,b \tag{4.15}$$

Die Linienlast q_x hängt von der Druckverteilung innerhalb der Kapillaren, von der Position x und dem Abstand zur festen Einspannung h ab. Dieser Zusammenhang ist in Abbildung 4.11 (a) dargestellt.

$$q_x = \frac{q_0\,x}{h} \tag{4.16}$$

Die Flächenkraft einer einseitig eingespannte Platte kann gemäß Gleichung 4.17 berechnet werden, wobei das Flächenträgheitsmoment I_y der Platte, der Elastizitätsmodul von MR–X ($E = 2,5 * 10^9 \frac{N}{m^2}$) [52] und die Flächenlast q_x in die Berechnung eingehen [81].

$$w^{IV} = \frac{1}{E\,I_y}\left(\frac{q_0\,x}{h}\right) \tag{4.17}$$

Die Querkraft wird, wie in Gleichung 4.18 dargestellt, durch Integration berechnet.

$$w''' = \frac{-Q}{E\,I_y} = \frac{1}{E\,I_y}\left(\frac{q_0\,x^2}{2\,h} + C_1\right) \tag{4.18}$$

Das Biegemoment ergibt sich gemäß Gleichung 4.19.

$$w'' = \frac{-M}{E\,I_y} = \frac{1}{E\,I_y}\left(\frac{q_0\,x^3}{6\,h} + C_1\,x + C_2\right) \tag{4.19}$$

Die Krümmung berechnet sich gemäß Gleichung 4.20.

$$w' = \frac{1}{E\,I_y}\left(\frac{q_0\,x^4}{24\,h} + \frac{C_1\,x^2}{2} + C_2\,x + C_3\right) \qquad (4.20)$$

Die Verschiebung der Strukturen kann schließlich durch eine weitere Integration berechnet werden (Vergleiche Gleichung 4.21).

$$w = \frac{1}{E\,I_y}\left(\frac{q_0\,x^5}{120\,h} + \frac{C_1\,x^3}{6} + \frac{C_2\,x^2}{2} + C_3\,x + C_4\right) \qquad (4.21)$$

Die Integrationskonstanten lassen sich aus den Randbedingungen errechnen. Die Platte ist auf einer Seite fest eingespannt und auf der anderen Seite frei beweglich. Dies entspricht einer festen Einspannung bei x=0 auf der Unterseite und einem losen Einspannung bei x=h auf der Oberseite.

Für die Einspannung bei x=0 gelten die Randbedingungen w(0)=0 und $w'(0)$=0. Für das freie Ende bei x=h gelten die Randbedingungen $w''(h)$=0 und $w'''(h)$=0. Daraus ergeben sich $C_1 = \frac{-q_0\,h}{2}$, $C_2 = \frac{2\,q_0\,h^2}{6}$, C_3=0 und C_4=0 bestimmt werden [81].

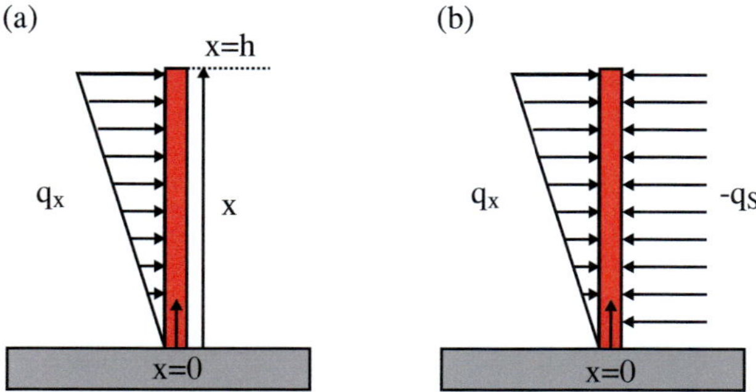

Bild 4.11.: Einseitig auf eine Polymerwand wirkender Kraftverlauf ohne Verstärkungsstruktur (a) und mit Verstärkungsstruktur (b).

Der Verlauf des Biegemoments ist folglich $M(x) = q_0 \left(\frac{x^3}{6\,h} - \frac{h\,x}{2} + \frac{2\,h^2}{6} \right)$ und der Querkraft $Q_x = -\frac{q_0}{2} \left(\frac{x^2}{h} - h \right)$. Die Biegespannung σ beim Phasenübergang hängt vom Biegemoment M und dem Widerstandsmoment $W = \frac{2\,I_y}{h}$ der Polymerlamelle ab.

$$\sigma = \frac{|M|}{W} \qquad (4.22)$$

Die Schubspannung τ berechnet sich aus der Querkraft Q und der Fläche A = h b der Polymerwand [81].

$$\tau = \frac{Q}{A} \qquad (4.23)$$

Eine 30 µm lange und 1,2 µm starke Lamelle verbiegt sich während des

	max. Moment M ($x =$ 0) [Nm]	max. Querkraft Q ($x =$ 0) [N]	max. Biegespannung σ [$\frac{N}{m^2}$]	max. Schubspannung τ [$\frac{N}{m^2}$]	max. Verschiebung w ($x =$ h) [m]
IPA	$-6{,}2 * 10^{-10}$	$7{,}7 * 10^{-6}$	$-5{,}7 * 10^{10}$	$1{,}2 * 10^{10}$	$4{,}1 * 10^{-7}$
H_2O	$-4{,}6 * 10^{-10}$	$5{,}7 * 10^{-6}$	$-4{,}2 * 10^{10}$	$8{,}8 * 10^{9}$	$3{,}0 * 10^{-7}$

Tabelle 4.3.: Maximales Biegemoment, Querkraft, Biegespannung und Schubspannung für 30 µm lange Polymerlamellen beim Trocknen von IPA und Wasser.

Trocknungsvorgangs an ihrem höchsten Punkt um bis zu 0,4 µm. Die Verbiegung würde also bei einer Periode von 2,4 µm den 1,2 µm breiten Spalt bereits um ein Drittel bedecken.

4.3.2. Fazit zu den Kapillardrücken

Bei der Abschätzung der wirkenden Kräfte wurden einige Vereinfachungen angenommen, so wurde nur ein einzelner Kapillarspalt betrachtet. Benachbarte Kapillaren und die dort wirkenden Drücke auf die Strukturen gehen nicht in die Abschätzung ein. Die im Kapillarspalt wirkenden Kräfte verändern sich mit der Verformung der Strukturen. Wenn die Verschiebung der Linienstrukturen beginnt, so ändern sich auch die Druckverhältnisse innerhalb der Kapillaren. Das E–Modul ist ein aus der Literatur entnommener Wert, welcher in der Praxis stark von der Belichtungsdosis und den Temperschritten abhängt. Unter Annahme obiger Vereinfachungen und unendlich flexibler Gitterstrukturen kann bei einer Periode von 2,4 µm und einer Höhe von 120 µm für die maximale Verschiebung der Linien für x = h ein theoretischer Wert von 0,3 µm in Wasser und 0,4 µm in Isopropanol berechnet werden. Dieser theoretische Wert eignet sich als erste Abschätzung, um verschiedene Layouts miteinander zu vergleichen. Die theoretisch errechneten Verbiegungen zeigen außerdem, dass ein Layout ohne verstärkende geometrische Elemente die Verbiegungen nicht ausgleichen kann.

Für eine umfassende Berechnung der wirkenden Drücke sind komplexe Simulationen nötig, welche die veränderlichen Parameter, wie eine fortschreitende Verschiebung oder die Druckverhältnisse in den benachbarten Kapillaren genauer berücksichtigen. Diese konnten im Rahmen dieser Arbeit aufgrund ihrer Komplexität nicht durchgeführt werden.

5. Herstellung der Gitterstrukturen

In diesem Kapitel werden die prozesstechnologischen Schritte erläutert, um die Gitter herzustellen. Dabei wird auf verschiedene Layoutvarianten als auch auf Sondergitter, wie gebogene Gitter eingegangen.

5.1. Beschichtung

Für die Herstellung der röntgenoptischen Gitter wird standardmäßig ein Siliziumsubstrat mit einer Titanschicht verwendet, welche in einem ersten Schritt oxidiert wird. Nach der Oxidation wird die Oberfläche wahlweise mittels reaktivem Ionenätzen oder einem Sauerstoffplasmaschritt aktiviert. Dies dient zur Reinigung und Verbesserung der Benetzungseigenschaften der Substratoberfläche. Die Aktivierung sollte für mindestens fünf Minuten durchgeführt werden und direkt vor der Beschichtung mit Fotolack erfolgen. Optional kann die Adhäsion des Fotolacks auf den Substraten durch zwei Maßnahmen erhöht werden. Zum Einen erweist sich im Besonderen bei Luftfeuchtigkeiten über 50 % ein Temperschritt im Umluftofen von einer Stunde bei 200 °C als hilfreich, um die Feuchtigkeit auf der Substratoberfläche zu reduzieren und somit die Haftung zu erhöhen. Zum Anderen können Haftvermittler, wie TI–Prime [91] die Haftung erhöhen. Dieser wird bei 2000 $\frac{U}{min}$ für eine Dauer von 20 Sekunden aufgeschleudert. Im Anschluss wird das verbleibende Lösungsmittel des Haftvermittlers auf einer Heizplatte für zwei Minuten bei 120 °C reduziert. Um erneute Feuchtigkeitsanlagerungen zu vermeiden und eine optimale Adhäsion zu gewährleisten, muss der Beschichtungsschritt mit Fotolack unmittelbar nach den Vorbehandlungen erfolgen.

Für die Beschichtung der Substrate wurde im Rahmen dieser Arbeit ein mehrstufiger Schleuderprozess entwickelt, welcher eine qualitativ hochwertige Beschichtung mit einer homogenen Lackschichtdicke gewährleistet. Der Lack wurde zunächst mittig auf das Substrat aufgebracht und anschließend für 30 Sekunden bei 500 $\frac{U}{min}$ verteilt. Anschließend folgt eine Ruhephase von 60 Sekunden, damit der verteilte Lack relaxieren kann und ein Teil des Lösemittels langsam verdampft. In einem dritten Schritt wird das belackte Substrat mit der finalen Drehzahl für weitere 60 Sekunden gedreht. Eine Schleuderkurve für den viskosen Fotolack *MR–X 51* zur Herstellung der Analysatorgitter ist in Abbildung 5.1 (a) dargestellt. Bei Schleuderverfahren für dicke Lackschichten kann es zur Ausbildung einer Randwulst am äußeren Rand des Substrats kommen, welche durch einen optionalen Schleuderschritt für eine Sekunde bei einer Drehzahl im Bereich mehrerer tausend $\frac{U}{min}$ minimiert werden kann. Für die Herstellung von Phasengittern werden Lackhöhen von bis zu 30 µm benötigt, wofür ein einstufiger Schleuderprozess für 60 Sekunden ausreicht. Die Schleuderkurve des niederviskosen MR–X 50 Lack zur Herstellung der Phasengitter ist Abbildung 5.1 (b) dargestellt.

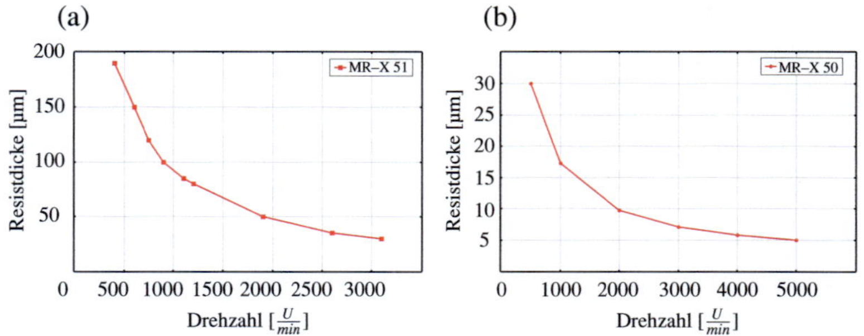

Bild 5.1.: Schleuderkurven des niederviskosen MR–X 50 (a) und des hochviskosen MR–X 51 (b).

Im direkten Anschluss an die Beschichtung erfolgt das Softbake, um den Lösemittelgehalt auf einen definierten Wert zu reduzieren. Der Softbakeschritt muss im Besonderen für dicke Lackschichten auf einer Heizplatte durchgeführt werden. Durch den konstanten Temperatureintrag von der Substratunterseite wird das Lösemittel langsam aus den tieferen Lackschichten an die Substratoberfläche befördert und kann dort verdampfen. Im Ofen kann an allen Oberflächen gleichzeitig das Lösemittel verdampfen, was zu einer Undurchlässigkeit der Randschichten und somit Lösemitteleinschlüssen im Inneren der Lackschicht führen kann. Lösemitteleinschlüsse oder Spannungen in der Lackschicht aufgrund von zu schnellen Ausbackschritten fördern Verbiegungen der Gitterstrukturen. Somit werden im Besonderen bei dicken Lackschichten langsame Ausbackprozesse mit flachen Temperaturrampen durchgeführt.

Bei einer Lackschichtdicke von 120 µm wird das Substrat in 30 Minuten von Raumtemperatur auf eine Temperatur von 70 °C erhitzt, welche anschließend für eine Stunde gehalten wird. Bei dieser Temperatur weist der Lack eine geringe Viskosität auf und das Verdampfen des Lösemittels findet langsam statt. Dieser erste Schritt eignet sich, um Inhomogenitäten in der Lackschichtdicke auszugleichen und die Lösemittelreduktion langsam ablaufen zu lassen. Im Anschluss an den ersten Backschritt wird das Substrat dann innerhalb von 30 Minuten auf die Ausbacktemperatur von 95 °C erhitzt. Diese Temperatur wird dann für vier Stunden gehalten. Während dieser Zeit verdampft das Lösemittel nahezu vollständig. Anschließend wird das Substrat innerhalb von vier Stunden auf Raumtemperatur abgekühlt. Diese langsame Abkühlen des Substrats ist notwendig, um die Spannungen innerhalb der Lackschicht möglichst gering zu halten. Ein zu schnelles Abkühlen resultiert in hohen inneren Spannungen und im Endeffekt in einer Verbiegung der Gitterstruktur. Aufgrund der geringeren Lackschichtdicke im Bereich von 10 µm – 30 µm reicht für die Lackmatrix von Phasengittern ein einstufiger Backprozess aus, welcher für 15–20 Minuten auf einer Heizplatte mit 95 °C durchgeführt wird. Der Restlösemittelgehalt (RLMG) vor der Belichtung der Substrate sollte im Idealfall unter 3 % liegen und kann gemäß Gleichung 5.1 anhand des Gewichts ermittelt werden. Er setzt sich aus dem Feststoffgehalt (FG) des Fotolacks, dem Gewicht des Substrats vor der Belackung (m_0), dem Gewicht des Substrats mit aufgeschleudertem Fotolack (m_1) und dem Gewicht nach dem Ausbacken des Fotolacks (m_2) zusammen.

$$RLMG \; = \; 100\,\% - FG\,\% \left(\frac{m_1 - m_0}{m_2 - m_0} \right) \qquad (5.1)$$

Größere zeitliche Fenster zwischen Beschichtung und Belichtung zeigten keine negativen Einflüsse auf die Strukturqualität. Allerdings sollten beschichtete Substrate unbedingt waagerecht und unter den üblichen Reinraumbedingungen (etwa 19 °C bis 21 °C und einer Luftfeuchtigkeit von 40 bis 50 %) gelagert werden.

5.2. Belichtung

Anhand der Kontrastkurven für verschiedene Lacke, kann der Mindestdosiseintrag am Substrat, im folgenden Tiefendosis genannt, berechnet werden. Der tatsächlich verwendete Dosiseintrag kann jedoch durchaus höher liegen, da die berechnete Dosis nur den Mindestwert für einen ausreichenden Vernetzungsgrad darstellt. Aufgrund der Absorption beim Durchgang durch die Lackschicht ist die Dosis direkt unter der Maske, im folgenden Oberflächendosis genannt, höher als die Tiefendosis. Obergrenze ist der Dosiswert, ab welchem der Lack auch unterhalb der Maskenabsorber belichtet wird. Ein zu hoher Dosiseintrag fördert darüber hinaus auch Streueffekte, wie Fluoreszenzstrahlung [58]. Für MR–X Fotolacke wurde experimentell für das LIGA 1 Strahlrohr an ANKA eine ideale Tiefendosis im Bereich von 120–140 $\frac{J}{cm^3}$ ermittelt. Ein exemplarischer Dosisverlauf für eine MR–X Lackschichtdicke von 150 µm ist in Abbildung 5.2 für eine Tiefendosis von 130 $\frac{J}{cm^3}$ dargestellt. Es ist deutlich der Einfluss der Vorfilterung zu sehen. Bei einer Vorfilterung wird die Strahlung bereits vor dem Erreichen des Fotolacks abgeschwächt und das Spektrum verschiebt sich abhängig von den genutzten Filtern. Im Falle von Kapton Vorfiltern wird mit zunehmender Filterstärke die transmittierte Wellenlänge kleiner. Das Verhältnis von Tiefendosis und Oberflächendosis liegt bei einem Kapton Vorfilter der Stärke 125 µm bei einem Faktor von etwa 4,4. Bei einem Kapton Vorfilter der Stärke 50 µm hingegen bereits bei einem Faktor von 6,8. Die abgelagerte Dosis bestimmt maßgeblich den Vernetzungsgrad der Polymere. Je höher die abgelagerte Dosis ist, desto mehr vernetzt das Polymer. Vom Grad der Vernetzung hängt später das E–Modul des strukturierten Fotolacks ab. Abhängig von der Dosis variiert das E–Modul von MR–X Lacken von 2,5 bis 2,9 GPa [32, 52]. Die intrinsischen Spannungen korellieren ebenfalls mit der abgelagerten Dosis. Eine höhere Dosis resultiert in einer stärkeren Vernetzung, welche während des Post Exposure Bake einen größeren Volumenschwund hervorruft. Große Dosisgradienten über eine Lackschicht wirken sich somit negativ auf die Strukturtreue aus, da ein unterschiedlicher Vernetzungsgrad einen inhomogenen Volumenschwund fördert und somit höhere Spannungen im Lack entstehen. Aufgrund der deutlichen Abweichungen des Dosisgradienten in Ab-

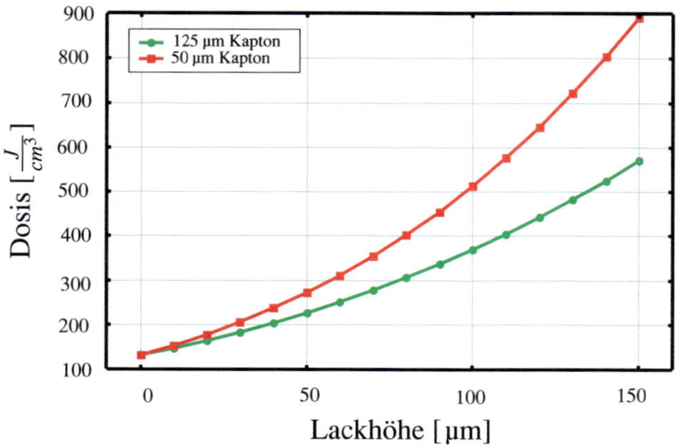

Bild 5.2.: Dosisprofil für 150 µm Lackdicke mit Kaptonfiltern unterschiedlicher Stärke.

hängigkeit der Vorfilterung muss dieser Aspekt für die Gitterherstellung beachtet werden, da bei den röntgenoptischen Gittern extreme Aspektverhältnisse bei Strukturen im Bereich von einem Mikrometer gefordert sind. Um experimentell die Grenzen des Prozesses zu erfassen, wird sowohl die Tiefendosis, als auch die Vorfilterung für Substrate gleicher Lackschichtdicke variiert und somit auch der Bestrahlungsaufwand verändert [59, 61]. Variationen dieser Belichtungsparameter sind in Abbildung 5.3 (a) für eine Tiefendosis von 120 $\frac{J}{cm^3}$, in Abbildung 5.3 (b) für eine Tiefendosis von 130 $\frac{J}{cm^3}$ und in Abbildung 5.3 (c) für eine Tiefendosis von 140 $\frac{J}{cm^3}$ dargestellt. Bei den Strukturen der oberen Reihe wurde ein Kapton Vorfilter der Stärke 50 μm verwendet, bei den Strukturen der unteren Reihe hingegen ein Kapton Vorfilter der Stärke 125 μm. Der dünnere Vorfilter kann den Dosisgradienten nicht ausreichend minimieren, was anhand der unterschiedlich fortgeschrittenen Vernetzung zu Spannungen führt. Diese Spannungen führen in der anschließenden Entwicklung zu Verbiegungen der Lamellenstrukturen (Vgl. Abbildung 5.3 (a1)), einem Aufreißen der Gitterstrukturen (Vgl. Abbildung 5.3 (b1)) oder einer Überbelichtung im Oberflächenbereich hin, da aufgrund des hohen Dosisgradienten ein hoher Bestrahlungsaufwand benötigt wird. Dieser Bestrahlungsaufwand ist so hoch, dass die Maskenabsorber die Röntgenstrahlung nur noch teilweise absorbieren und der Lack unter den Absorbern ebenfalls belichtet wird (Vgl. die helle Färbung zwischen den Lamellen in Abbildung 5.3 (b1 und c1)). Durch diese Vernetzung löst sich der Fotolack beim Entwickeln nicht mehr aus den Lücken. Bei den Gitterstrukturen der unteren Reihe ist der Dosisgradient durch den dickeren Filter unter den Faktor von fünf gesenkt, was in einer größeren Strukturtreue resultiert und in den Abbildungen 5.3 (a2 bis c2) für die unterschiedlichen Tiefendosiswerte dargestellt ist. Der Bestrahlungsaufwand und somit auch die Bestrahlungsdauer steigt mit zunehmenden Vorfilterstärken signifikant an. Daher muss ein Kompromiss zwischen Filterung und Bestrahlungsdauer gefunden werden. Aus den Ergebnissen in Abbildung 5.3 kann als Kompromiss abgeleitet werden, dass der maximale

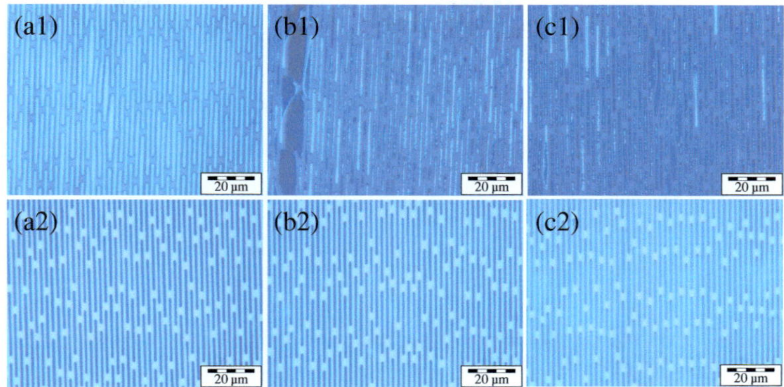

Bild 5.3.: Erreichte Gitterqualität mit unterschiedlichen Dosiswerten (a, b, c) und einer Variation der Vorfilter (1, 2).

Dosisgradient den Faktor fünf nicht übersteigen sollte. Bei einer weiteren Zunahme der Lackschichtdicken muss an dieser Stelle eine alternative Belichtung in Betracht gezogen werden. Aufgrund des härteren Spektrums[1], welches das LIGA 2 Strahlrohr an ANKA bietet, sollte die Belichtung von Lackschichtdicken ab ca. 150 µm an diesem Strahlrohr durchgeführt werden. Somit können große Dosisgradienten zwischen Oberflächendosis und Tiefendosis vermieden werden. Das härtere Spektrum erfordert aber auch eine neue Maskentechnik. So kann das Spektrum am LIGA 1 Strahlrohr noch mit Zwischenmasken genutzt werden, während für eine Nutzung des LIGA 2 Spektrums Arbeitsmasken mit deutlich dickeren Absorberstrukturen notwendig werden.

Eine Variation der Dosis hat dabei nicht nur Einfluss auf die Stabilität und die Strukturgenauigkeit. Ein weiterer Effekt, welcher im Besonderen für die Gitterherstellung von Bedeutung ist, ist die Variation des Tastverhältnisses. Es beschreibt das Verhältnis von Lamellenbreite und Lückenbreite. Das Tastverhältnis ist gemäß Gleichung 5.2 definiert. Im Fotolack beschreibt das Tastverhältnis das Verhältnis von Lückenbreite und Periode.

---

[1] Belichtung mit kürzeren Wellenlängen

Im galvanisierten Zustand entspricht das einem Verhältnis der galvanisierten Lamelle zur Gitterperiode. Ein exemplarisches Tastverhältnis von 0,6 ist für beide Fälle in Abbildung 5.4 skizziert, wobei die schraffierten Strukturen den Fotolack und die gefüllten Strukturen die Metalllamellen auf einem Substrat darstellen.

$$\text{Tastverhältnis} = \frac{\text{Lacklücke}}{\text{Periode}} = \frac{\text{Metalllamelle}}{\text{Periode}} \tag{5.2}$$

Der Zusammenhang zwischen Dosis und Tastverhältnis ist in Abbildung 5.5

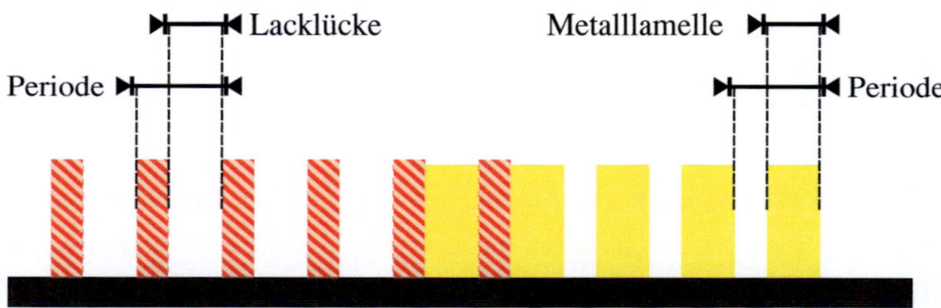

Bild 5.4.: Tastverhältnis in Fotolack (links) und in galvanisierter Struktur (rechts).

für ein Gitter der Periode 2,4 µm dargestellt. Die abgebildete gestrichelte Linie stellt das prozentuale Tastverhältnis in Abhängigkeit des Dosiseintrags dar. Durch eine Erhöhung des Dosiseintrags werden die Lacklamellen und somit nach der Galvanik auch die Lücken zwischen den Metalllamellen breiter. Dadurch sinkt das Tastverhältnis von 49 % bei einer Dosis von 100 $\frac{J}{cm^3}$ auf 41 % bei einer Dosis von 200 $\frac{J}{cm^3}$.

Ein weiterer dosisabhängiger Aspekt ist die Adhäsion der Lackstrukturen auf dem Substrat. Der Vernetzungsgrad des Fotolacks beeinflusst nicht nur die Kohäsion sondern auch die Adhäsion. Um die Adhäsion der Lackstrukturen in Abhängigkeit des Dosiseintrags zu analysieren, wurden Gitterstrukturen mittels eines mehrstufigen Belichtungsprogramms mit unterschiedlichen Dosiswerten auf ein Substrat belichtet. Die Adhäsion der unterschiedlich stark belichteten Bereiche wird dann mittels einer Zugprüf-

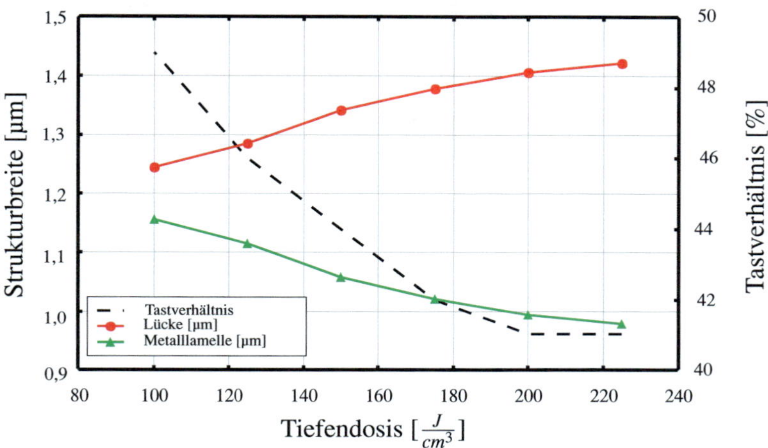

Bild 5.5.: Dosisabhängigkeit des Tastverhältnisses eines galvanisierten Gitters.

anlage gemessen. Abbildung 5.6 (a) illustriert ein belichtetes Substrat mit variierenden Tiefendosiswerten von $120 \frac{J}{cm^3}$, $145 \frac{J}{cm^3}$, $170 \frac{J}{cm^3}$, $195 \frac{J}{cm^3}$ und $220 \frac{J}{cm^3}$. Das Substrat wird rückseitig fixiert und nach dem Aufkleben eines Quaders mit Schlaufe auf den Strukturen (Abbildung 5.6 (b)) kann der Haken der Zugprüfmaschine angreifen (Abbildung 5.6 (c)). Die Klebefläche des Quaders beträgt 160 mm. An den Strukturen wird anschließend bis zur völligen Ablösung (Abbildung 5.6 (d)) gezogen und die Kraft bis zum Abriss ermittelt. Es wurde zunächst ein Anstieg der Adhäsion mit steigendem Dosiseintrag festgestellt, bei einem Wert von $220 \frac{J}{cm^3}$ nahm die Adhäsion allerdings wieder ab. Die höchste Adhäsion wurde im Bereich von 140–$195 \frac{J}{cm^3}$ gemessen. Hier waren zwischen 30 N bis 50 N nötig, um die Strukturen abzulösen.

5.3. Post Exposure Bake (PEB)

Bei der Belichtung des negativen Fotolacks werden in den belichteten Bereichen lediglich Lewis Säuren freigesetzt. Die eigentliche Vernetzung des Fotolacks findet erst während des Post Exposure Bakes (PEB) statt.

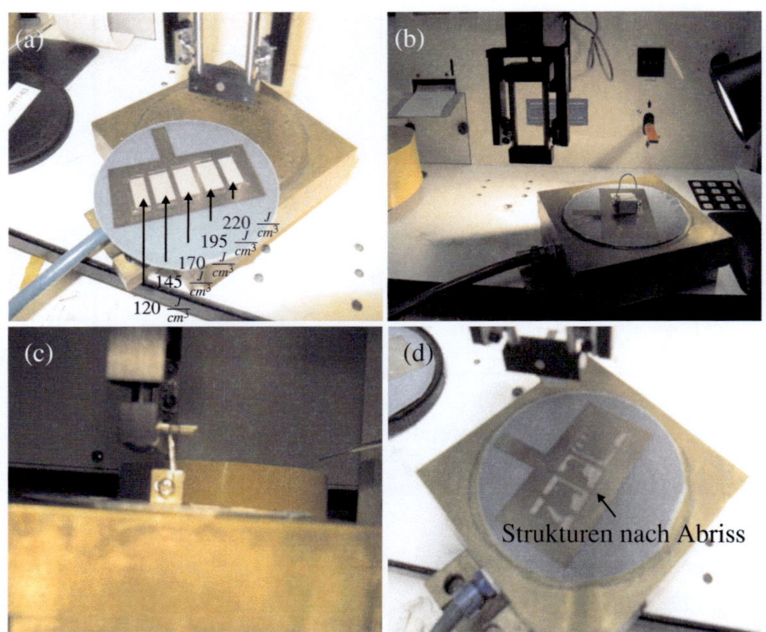

Bild 5.6.: Gitterstrukturbereiche mit unterschiedlichen Dosiseinträgen (a) werden durch Aufkleben eines Quaders (b) in die Zugprüfmaschine eingespannt (c) und der Kraftverlauf bis zum Abriss der Strukturen gemessen (d).

Hier dient die Temperatur als Katalysator, um die Vernetzung zu starten. Die Polymerisation hängt dabei von der abgelagerten Dosis und der Prozessführung des PEB ab. Zu hohe Dosiswerte, hohe Dosisgradienten über eine Lackschicht und zu schnelle Temperschritte erhöhen den Volumenschrumpf und induzieren thermische Eigenspannungen in den Fotolack. Hohe Vernetzungsspannungen führen häufig bereits nach dem PEB zu Spannungsausfrissen. Auswirkungen moderaterer Spannungen sind allerdings häufig erst nach der Entwicklung oder nach der galvanischen Abscheidung sichtbar. Geeignete Parameter für das PEB wurden für Gitter der Periode 2,4 μm experimentell ermittelt. Die Hersteller der Negativlacke empfehlen ein PEB auf einer Heizplatte. Dies wurde für verschiedene Temperaturen, Rampen und Haltezeiten getestet, wobei sich herausstellt, dass die verfügbaren Heizplatten aufgrund eines inhomogenen Temperatureintrags für röntgentiefenlithografisch strukturierte Gitter mit hohen Aspektverhältnissen ungeeignet sind. Eine Verbiegung der Strukturen in Kombination mit Aufrissen, wie sie in Abbildung 4.3 (a) dargestellt ist, wird für alle Versuche auf der Heizplatte bereits nach dem PEB festgestellt. Eine mögliche Begründung, dass bei Heizplatten die Temperatur nur von unten eingebracht wird und so Spannungen entstehen, da die unteren Lackschichten zeitlich vor den oberen vernetzen. Aufgrund der temporär versetzten Vernetzung bilden sich Spannungen aus und es entstehen Spannungsrisse. Dieser Effekt verstärkt sich mit zunehmenden Aspektverhältnissen.

Als Alternative wurde ein Vakuumofen verwendet. Hier erfolgt der thermische Eintrag gleichmässig von allen Seiten. Unter Vakuum ist es möglich das Auftreten von Spannungsaufrissen zu reduzieren und die Strukturtreue der Gitter zu steigern. Ein Minimum an Spannungsaufrissen wurde unter Anwendung eines zweistufigen Backprozesses mit flachen Temperaturrampen bei einer Maximaltemperatur von 75 °C erreicht. Höhere Backtemperaturen zeigten schlechtere Ergebnisse aufgrund vermehrter Spannungsrisse. Der Backprozess sieht daher eine Rampe von Raumtemperatur auf 75 °C vor. Die Dauer der Rampe und der anschließenden Haltezeit beträgt 2 Stunden und 20 Minuten. Im Anschluss werden die Strukturen in einem mindestens achtstündigen Abkühlprozess langsam auf Raumtemperatur abgekühlt.

5.4. Entwicklung

Die Entwicklung der Gitterstrukturen wird mit Propylenglykolmonomethylethylacetat (PGMEA), einem handelsüblichen Entwickler für SU–8 basierte Lacke, durchgeführt. Die Substrate werden auf Waferspinnen in einem Becherglas derart positioniert, dass die Gitterstrukturen nach unten zeigen. Ein häufiger Badwechsel optimiert das Entwicklerergebnis, wobei im Rahmen dieser Arbeit aus Kostengründen ein Kompromiss aus zwei PGMEA Bädern gewählt wird. Um den Entwickler am Ende des Prozesses aus den Strukturen zu spülen und die Oberflächenspannungen zu minimieren, wird nach den beiden PGMEA Bädern ein Isopropanolbad gewählt. Magnetrührfische sorgen dabei für eine bessere Konvektion. Darüber hinaus wurde die Entwicklung der Gitterstrukturen mit Aspektverhältnissen größer 100 testweise megaschallunterstützt durchgeführt. Hier ist darauf zu achten, dass eine geringe Leistung gewählt wird, da die Strukturen sonst bereits im Bad kollabieren. Das anschließende Trocknen der Substrate wird in einem Umluftofen bei 30 °C durchgeführt. Parameter, welche zur Entwicklung von Phasengittern und Analysatorgittern Anwendung finden sind in Tabelle 5.1 dargestellt.

	PGMEA	PGMEA	IPA	Umluftofen
Phasengitter [Min]	15	30	20	≥ 60
Analysatorgitter [Min]	30	60	20	≥ 60

Tabelle 5.1.: Entwicklungsparameter für Phasengitter und Analysatorgitter bis Lackschichtdicken von 200 µm.

5.5. Galvanik

Für die elektrochemische Abscheidung der Metallstrukturen wird für die Herstellung von Phasengittern ein so genannter Hartnickel-Elektrolyt genutzt [35]. Die Elektrolytzusammensetzung dieses Bads zeichnet sich durch eine hohe Homogenität der Abscheidehöhe von $\pm$ 200 nm und der Möglichkeit Schichten mit geringen Rauhigkeitswerten abzuscheiden aus. Diese Parameter begünstigen eine homogene Phasenverschiebung beim Durchgang durch das Phasengitter.

Für die Herstellung der Analysator– und Quellgitter kommt eine sulfitische Goldgalvanik zum Einsatz. Die sulfitische Goldgalvanik wird aufgrund der guten Polymerkompatibilität, guter Haftung und geringer innerer Spannungen gewählt. Ein weiterer Vorteil der sulfitischen Goldgalvanik besteht in einer Stromausbeute von nahezu 100 % [18]. Die für die Galvanik genutzten Polymerformen mit hohen Aspektverhältnissen zeigen nach dem Entwicklungsschritt eine homogene Lackstruktur ohne Verzüge. Nach dem elektrochemischen Abscheiden von Gold weisen die Strukturen jedoch teils Verbiegungen der Absorberstrukturen auf. Strukturelle Unterschiede der Gitterstruktur vor und nach dem elektrochemischen Abscheiden von Gold sind in Abbildung 5.7 abgebildet. Die lichtmikroskopische Aufsicht auf ein Gitter vor der elektrochemischen Abscheidung (Abbildung 5.7 (a)) veranschaulicht eine hohe Übereinstimmung mit der Sollstruktur. Deutliche Abweichungen von der Sollstruktur treten nach der Galvanik auf, wie die rasterelektronenmikroskopische Aufnahme in Abbildung 5.7 (b) für ein Beispiel in extremer Ausprägung verdeutlicht. Strukturelle Abweichungen

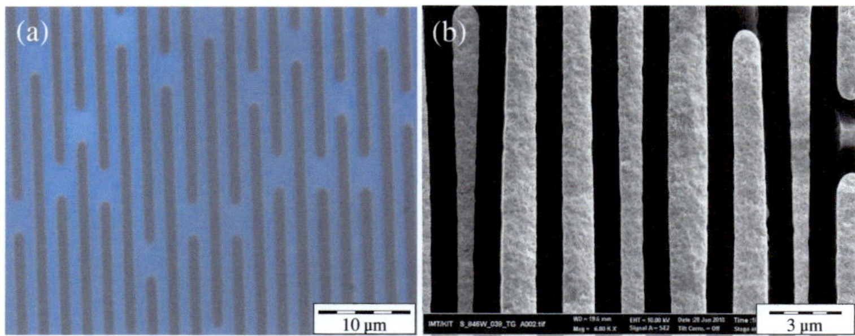

Bild 5.7.: Gitterstruktur vor (a) und nach der Galvanik (b) mit einer deutlichen Zunahme an Verbiegungen während des Galvanikschritts.

während der Galvanik können auf zwei Hauptursachen zurückgeführt werden. Zum Einen kann das Quellen von Fotolacken aufgrund von Wasseraufnahme in Elektrolyten zu strukturellen Abweichungen führen. Das Quellen ist ein bekanntes Phänomen im Rahmen der SU–8 Prozessierung und ist abhängig von der Dauer der Schritte in Flüssigkeiten, wie der Galvanik [107, 109]. In der Literatur wird von einem Quellen des SU–8 Fotolacks in

Abhängigkeit der Galvanikdauer von bis zu 18 % bei einer Badtemperatur von 50 °C und einer Galvanikdauer von 160 min berichtet. Des Weiteren nimmt das Quellverhalten mit zunehmendem Vernetzungsgrad der SU–8 Fotolacke zu [107]. Im Rahmen des Innoliga–Projekts wurde das Quellverhalten von SU–8 und MR–X Lacken miteinander verglichen. Die Ergebnisse zeigen ein Quellverhalten von unter 1 % für die MR–X Lacke, was deutlich unter dem Wert von SU–8 Lacken liegt. Eine Zunahme des Quellverhaltens mit der Prozessdauer im Elektrolyt konnte im Rahmen des Innoliga–Projekts nicht festgestellt werden [52]. Die Galvanikschritte zur Herstellung der Analysatorgitter sehen eine Dauer von bis zu 60 Stunden bei einer Badtemperatur von 55 °C vor.

Zum Anderen führen Spannungen, wie auch während des Post Exposure Bakes zu Abweichungen von der Sollstruktur. Durch die erneut eingebrachten Temperaturen während der Abscheidung können die Spannungen im Fotolack relaxieren und es entstehen während der Galvanik Verbiegungen in den Lackstrukturen, welche dann auch in die abgeschiedenen Absorberstrukturen übertragen werden. Der Einfluss der galvanischen Abscheidetemperatur auf die Strukturqualität wird anhand einer Messreihe mit unterschiedlichen Galvanikbadtemperaturen analysiert.

Es werden mit MR–X Lack gefertigte Gitterstrukturen der Periode 2,4 μm und der Höhe 70 μm bei unterschiedlichen Temperaturen galvanisiert und anschließend die Verbiegungen untersucht. Für die Messreihe wurde eine Nickelgalvanik gewählt, da sie bei unterschiedlichen Temperaturen durchgeführt werden kann. Zwei exemplarische Ergebnisse dieser Versuchsreihe sind in Abbildung 5.8 dargestellt, wobei in Abbildung 5.8 (a) entsprechend der genutzten Goldgalvanik die Galvaniktemperatur bei 55 °C lag und in Abbildung 5.8 (b) bei Raumtemperatur.

Die Gitterstrukturen, die bei Raumtemperatur abgeschieden wurden weisen eine deutlich geringere Verbiegung der Gitterstrukturen auf, was auf eine geringere Relaxation der Spannungen im Fotolack und somit einer geringeren Spannungsrissbildung aufgrund der niedrigeren Temperatur hindeutet.

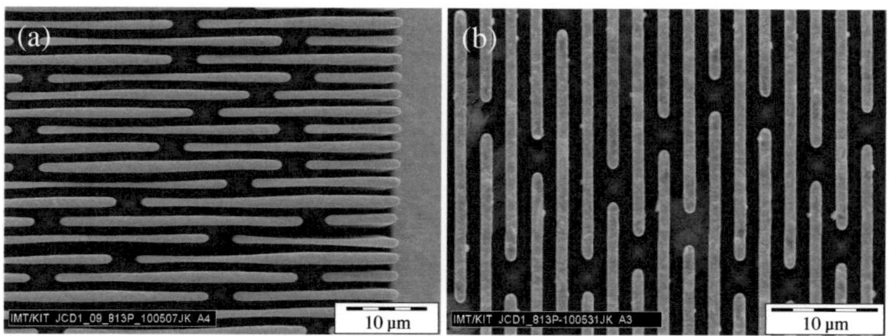

Bild 5.8.: Exemplarische Strukturqualität in Abhängigkeit der Galvaniktemperatur bei 55 °C (a) und Raumtemperatur (b).

5.6. Untersuchung zur Stabilität verschiedener Layouts

Durch das Erreichen von Aspektverhältnissen größer 50 treten neue Herausforderungen bezüglich der mechanischen Stabilität der Gitterstrukturen auf. Mit zunehmenden Aspektverhältnissen nehmen die Auswirkungen der während der Fertigung auftretenden thermischen Eigenspannungen oder durch Lackschrumpf erzeugten intrinsischen Spannungen und Kapillarkräfte zu. Auch durch die Wahl des MR–X Lacks können Spannungsaufrisse nicht vollständig ausgeglichen werden. Insofern kommt dem Layout eine deutlich größere Bedeutung zu, um Spannungen im Lack abzufangen. Mit der sukzessiven Erhöhung des Aspektverhältnisses wurden im Rahmen der Arbeit mehrere unterschiedliche Layoutvarianten untersucht und deren mechanische Stabilität analysiert.

Im Folgenden werden die unterschiedlichen Layouts vorgestellt und deren Eignung für die Herstellung von Gittern mit hohen Aspektverhältnissen diskutiert.

5.7. Herstellung der Gitter ohne Verstärkungsstrukturen

Das einfachste Layout sind durchgehende Linienstrukturen ohne Verstärkungen über die gesamte Fläche. Trotz der Abschätzungen der Kapillarkräfte wurde um die technische Machbarkeit dieses Layouts zu prüfen eine Testmaske zur Strukturierung genutzt. Das Strukturieren von Linien ohne jegliche Verstärkungen resultiert aufgrund unzureichender Stabilität gegen mechanische Spannungen und wirkenden Kapillarkräfte immer im Kollaps der Strukturen. Die Auswirkungen der mangelnden mechanischen Stabilität sind in Abbildung 5.9 exemplarisch für die geforderte Zielperiode von 2,4 µm bei einer Höhe von 100 µm dargestellt. Da dieses Layout nicht

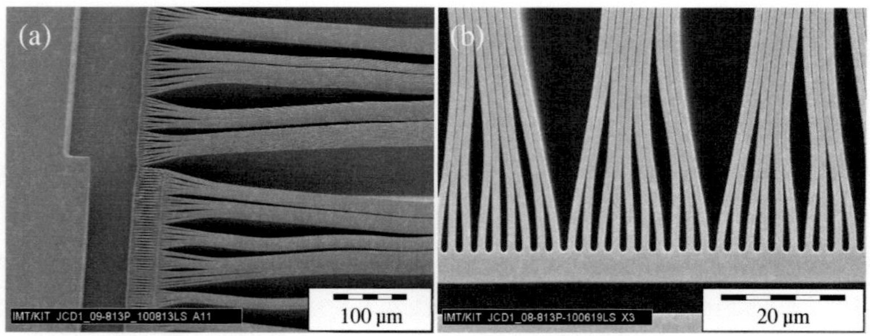

Bild 5.9.: Durchgehende Linienstrukturen ohne Verstärkungen.

in der Lage ist, die auftretenden mechanischen Spannungen und Kapillareffekte abzufangen, eignet es sich nicht für die Herstellung von Gitterstrukturen mit Strukturhöhen oberhalb von 50 µm und einer geforderten Periode von 2,4 µm.

5.8. Herstellung der Gitter mit Verstärkungsbrücken

Um die Herstellung von Gitterstrukturen mit Perioden im Bereich weniger Mikrometer dennoch zu ermöglichen, werden stabilisierende Elemente benötigt, welche den definierten abstand zwischen den Polymerlamellen erhalten. Ein mögliches stabilisierendes Element stellen die im Standardalayout eingeführten Verstärkungsbrücken dar. Sie verbinden in regelmässigen Abständen die Polymerlamellen. Um ein möglichst optimales Verhältnis von verstärkenden Elementen und Lamellen zu erhalten, wurde eine Testmaske mit einem Layout erstellt, welches verschiedene Verhältnisse und Anordnungen der verstärkenden Elemente vorsieht. Ein aus dem Testlayout gefertigtes Gitter in Fotolack ist in Abbildung 5.10 dargestellt. Vorteile dieses Testlayouts sind, dass in verschiedenen Quadraten der Kantenlänge 10 mm Variationen der Periodizität und Anordnung von Verstärkungselementen analysiert werden können, ohne mehrere Masken schreiben zu müssen und dass alle Varianten unter den gleichen Bedingungen prozessiert werden. Somit können Abweichungen aufgrund unterschiedlicher prozesstechnischer Randbedingungen ausgeschlossen werden. Die unterschiedliche Periodizität der Gitterstrukturen in den Testfeldern wird bereits anhand der Brechung des Lichts bei der Aufnahme ersichtlich (Vgl. Abbildung 5.10).

Eine detaillierte Ansicht der Bereiche ist in Abbildung 5.11 für exemplarische Gitterbereiche des Testlayouts dargestellt, welche mit einer Periode von 2,4 µm und einer Höhe von 90 µm gefertigt wurden. In Abbildung 5.11 (a) sind Gitter mit Lamellen der Länge 30 µm und Verstärkungsbrücken der Länge 1 µm dargestellt. In Abbildungen 5.11 (b–d) wird die Länge der späteren Absorberstrukturen bei 30 µm belassen, allerdings werden die Dimensionen der verstärkenden Brücken sukzessive erhöht, um den Einfluss der Brückengeometrie auf die Stabilität zu analysieren. Die Länge der Verstärkungsbrücken beträgt in Abbildung 5.11 (b) 2 µm, in Abbildung 5.11 (c) entsprechend dem Standardlayout 3 µm und in Ab-

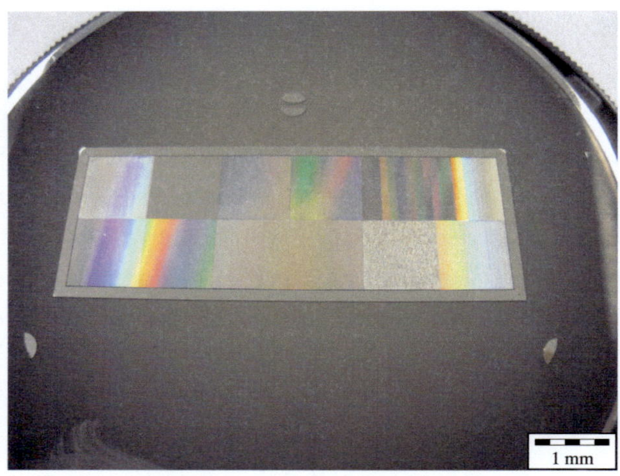

Bild 5.10.: Gitterstrukturen mit Testlayout für die Analyse von Verstärkungselementen und Periodenvariation.

bildung 5.11 (d) 5 µm. Auffällig sind die ausgeprägten Verbiegungen der
Polymerstrukturen sobald sich die statistisch angeordneten Verstärkungselemente auf einer Höhe befinden. Die Verbiegungen nehmen mit zunehmender Brückengröße ab. Bei Verstärkungsbrücken der Größe 5 µm treten
die Verbiegungen nicht mehr auf (Vergleiche Abbildung 5.11 (d)). Ein Layout mit großen Verstärkungsbrücken verspricht somit die höchste Stabilität.
Dennoch kann die Größe der Verstärkungsbrücken nicht beliebig erhöht
werden. Mit zunehmender Brückengröße wird die erreichbare Visibilität
reduziert, da die späteren Absorberstrukturen zunehmend durch Verstärkungselemente unterbrochen werden. Im Vergleich mit durchgehenden Absorberstrukturen sinkt die erreichbare Visibilität bei Verstärkungsbrücken
von 1 µm um 3,3 %. Bei 2 µm großen Verstärkungsbrücken verringert sich
die Visibilität um 6,7 %, bei 3 µm um 10 % und bei 5 µm schließlich um
16,7 %. Das Layout mit 5 µm liefert in Bezug auf die Verbiegungen die
besten Ergebnisse. Die Visibilitätsabnahme von 16,7 % ist jedoch nicht ak-
zeptabel. Layouts mit kleineren Verstärkungselementen weisen zwar häu-

figer lokale Verbiegungen auf, diese verringern in der Praxis die Visibilität aber meist nur im unteren einstelligen Prozentbereich.

Neben der Geometrie der Verstärkungselemente kann auch die Länge der Absorberstrukturen variiert werden. Dies ist in den Abbildungen 5.11 (e–f) dargestellt. Die Brücken weisen eine Stärke von 3 µm auf. Die Länge der Absorberstrukturen wird auf 25 µm (Abbildung 5.11 (e)) und 20 µm (Abbildung 5.11 (f)) verringert. Durch diese Verringerung wird die Stabilität der Gitterstrukturen ebenfalls erhöht und Verbiegungen der Polymerstrukturen treten seltener auf. Die Reduzierung der Länge der Absorberstrukturen verringert ebenfalls die Visibilität.

Neben der Geometrie der Verstärkungselemente kann auch deren Anordnung variiert werden. Eine mögliche Anordnung, die von statistisch verteilten Verstärkungselementen abweicht, ist die in Abbildung 5.11 (g) dargestellte Anordnung der Brückenstrukturen der Stärke 3 µm auf einer Höhe. Bei diesem Ansatz kommt es zu einer deutlichen Verstärkung der Verbiegungen der Polymerlamellen. Der Effekt, dass es bei Verstärkungselementen auf einer Höhe zu Verbiegungen kommt, wurde bereits bei den statistisch angeordneten Verstärkungsstrukturen beobachtet.

Abbildung 5.11 (h) sieht Spannungsfugen vor, um die Verbiegungen zu reduzieren. Hierfür sind in regelmäßigen Abständen durchgehende Absorberstrukturen vorgesehen. Auch bei einem Layout mit Spannungsfugen treten innerhalb der Gittermatrix Verbiegungen auf, wenn sich die Verstärkungsbrücken auf einer Höhe befinden. Zusätzlich treten verstärkt Verbiegungen im Bereich der Spannungsfugen auf. Um die Spannungen im Fotolack auszugleichen werden die Strukturen auf Höhe der Spannungsfugen auseinandergezogen, was in einer Vergrößerung der Periodizität auf Höhe der Spannungsfugen resultiert.

Eine weitere Fragestellung, welche durch das Testlayout ermittelt werden soll ist die minimal erreichbare Periodizität. Um die minimale Periode zu ermitteln wird daher in einem Bereich des Testlayouts die Periode von 1 µm bis 7 µm stufenweise variiert. Die Schichtdicke der gefertigten

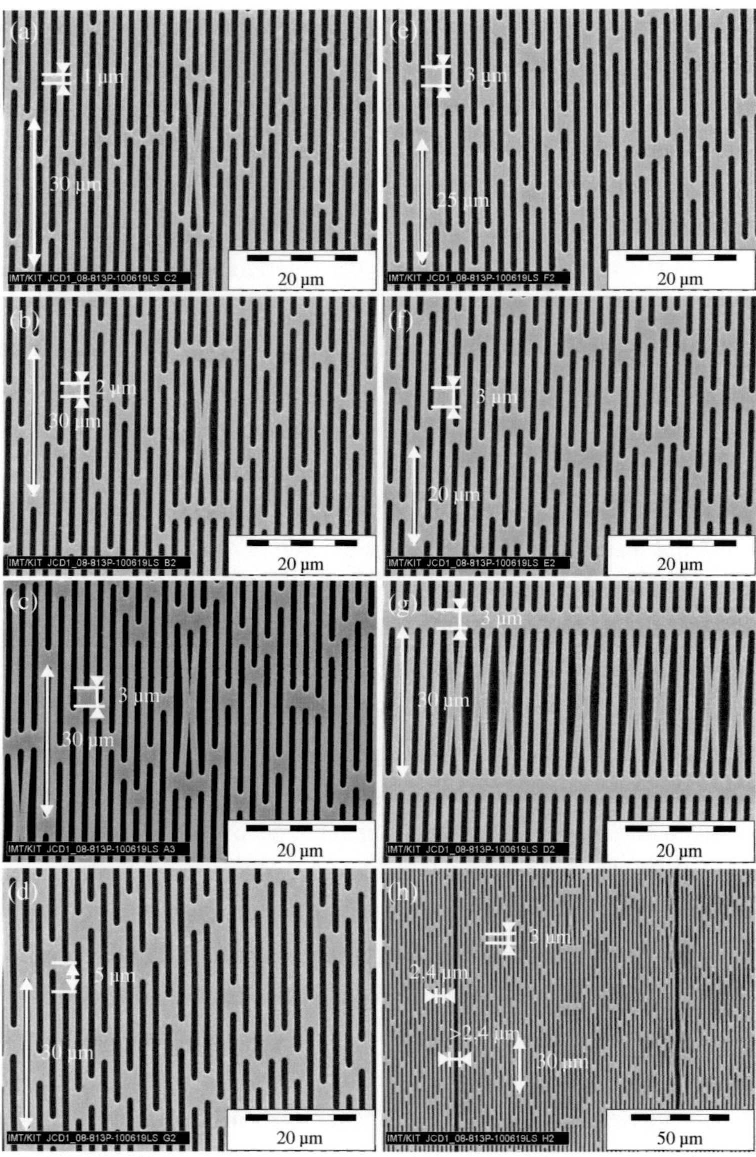

Bild 5.11.: Testlayout, um die mechanische Gitterstabilität in Abhängigkeit der Anordnung und Dimensionen der Brücken zu analysieren.

Strukturen beträgt ebenfalls 90 µm und als verstärkende Elemente wurden statistisch verteilte Brücken mit einer Länge von 3 µm gewählt. In Abbildung 5.12 (a) sind fehlerfreie Strukturen der Periode 7 µm dargestellt. Eine sukzessive Reduktion der Periodizität ist in Abbildungen 5.12 (b)-(d) exemplarisch für Periodizitäten von 2,2 µm, 1,4 µm und 1 µm dargestellt.

Mit abnehmender Periode nimmt auch die Stabilität der Strukturen ab. Während bis zu Perioden von etwa 2,2 µm eine Fertigung der Gitter möglich ist, zeigen feinere Perioden zunehmend strukturelle Abweichungen in Form von Verbiegungen.

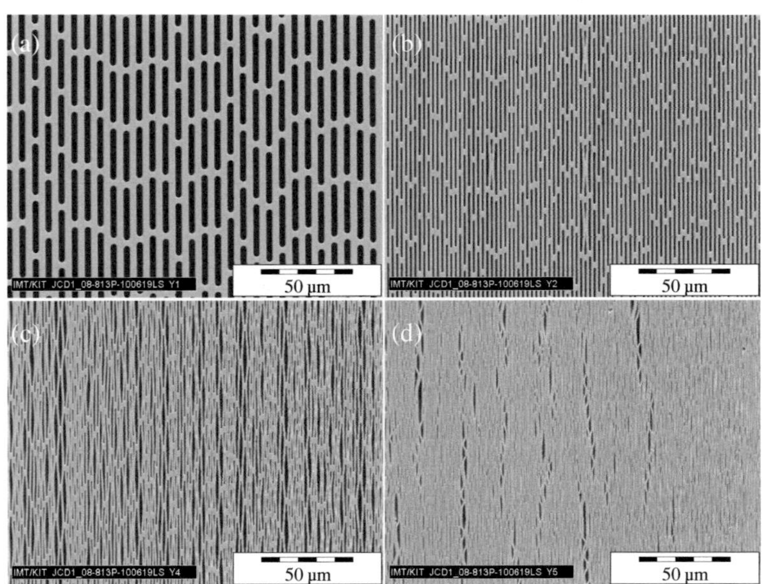

Bild 5.12.: Analyse der minimal möglichen Gitterperiode für eine Periode von 7 µm (a), 2,2 µm (b), 1,4 µm (c) und 1 µm (d).

Für die Ermittlung der minimalen fertigbaren Gitterperiode wird eine umfangreiche Versuchsreihe durchgeführt [17]. Abbildung 5.13 (a) stellt eine farbliche Kodierung von drei exemplarischen Gitterstrukturen der Dicke 120 µm dar. Die Periode nimmt von links nach rechts zu und die strukturelle Qualität wird an verschiedenen Messpositionen analysiert, wodurch sie sich direkt mit der Periode in Verbindung bringen lässt. Die farbliche Kodierung spiegelt die Qualität der Strukturen wider. In roten Bereichen weisen die Strukturen eine schlechte Qualität mit ausgeprägter Häutchenbildung und großflächigen Spannungsaufrissen und Verbiegungen auf, wie in Abbildung 5.13 (b) dargestellt. In den orangenen Bereichen schwankt die Qualität zwischen guter und schlechter Strukturtreue (Vgl. Abbildung 5.13 (c)) und es treten noch häufig Verbiegungen auf. Im gelben Bereichen ist die Qualität überwiegend gut (Vgl. Abbildung 5.13 (d)), es kommt nur vereinzelt zu lokalen Verbiegungen. In den grünen Bereichen ist die Qualität der Gitterstrukturen sehr gut und es treten keine Abweichungen von der Sollstruktur auf (Vgl. Abbildung 5.13 (e)). Die angestrebte Periode von 2,4 μm ist durch die gestrichelte Linie in Abbildung 5.13 (a) verdeutlicht. Im Zuge dieser Versuchsreihe stellte sich die Periode von 2,4 μm als Untergrenze heraus, bei welcher überwiegend gute Ergebnisse erzielt wurden .

Der Einfluss von Spannungen kann mit Hilfe der Materialparameter und Strukturmodellen unter Anwendung der finiten Elemente Methode (FEM) simuliert werden. So können Spannungen in Abhängigkeit des gewählten Layouts analysiert werden. Für die Simulation werden die äußeren Seitenwände als gespiegelt und der Boden als haftend betrachtet und die bekannten Materialeigenschaften von SU–8 basierten Fotolacken genutzt. Bei der Analyse der thermischen Eigenspannungen konnten zunächst nur marginale Verbiegungen festgestellt werden. Bei einer Darstellung mit 50 facher Überhöhung können allerdings Verbiegungen festgestellt werden. Abbildung 5.14 (a) stellt eine Simulation für ein Gitter der Periode 2,4 μm mit statistisch verteilten Verstärkungsbrücken bei einer Abkühlung der Strukturen um $-30\,°C$ dar. Die Gitterhöhe beträgt 100 μm. Abbildung 5.14 (b) hingegen stellt eine Erwärmung der Strukturen um $+30\,°C$ dar. Bei einer Abkühlung um $-30\,°C$ (Abbildung5.14 (a)) entsprechen die Verbiegungen den in der Gitterherstellung beobachteten Verbiegungen. Da für die FEM–

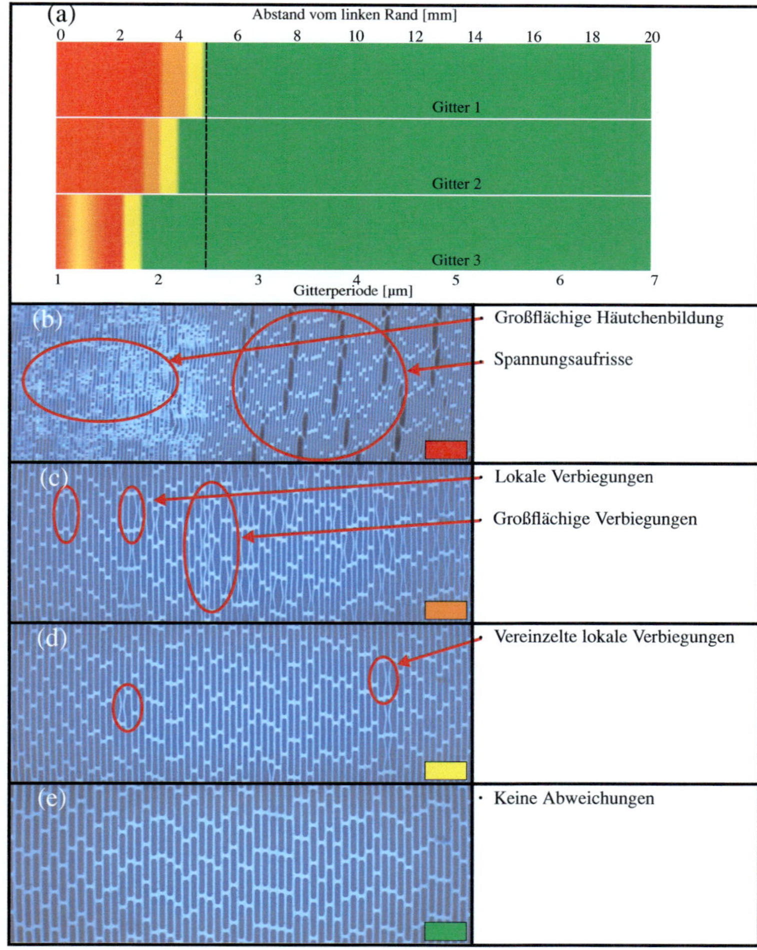

Bild 5.13.: Erzielte Gitterstrukturen bei einer Periodenvariation für drei exemplarische Substrate mit einer vom linken zum rechten Gitterrand zunehmenden Periode (a). Häufigkeit und Art der Defekte des roten Bereichs sind in (b) dargestellt. Defekte bei Perioden des orangenen Bereichs in (c). Nur noch vereinzelt auftretende Defekte beschreiben den gelben Bereich (d). Bei den Perioden des grünen Bereich sind keine Gitterdefekte mehr zu erkennen (e).

Simulationen ein um den Faktor 50 erhöhter Wert angewendet wird, können die in der Praxis entstehenden Verbiegungen nicht allein durch thermische Eigenspannungen hervorgerufen werden.

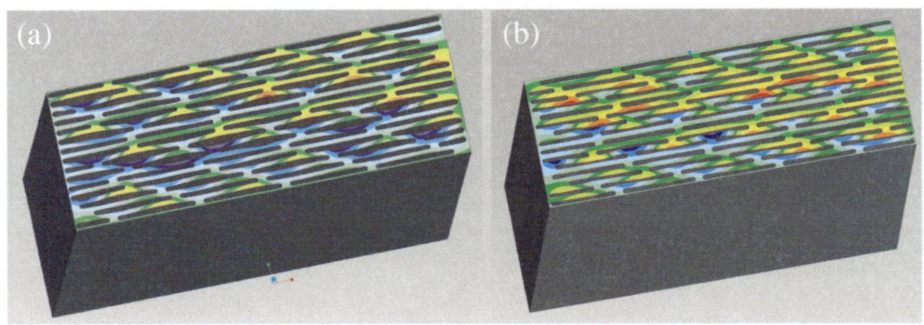

Bild 5.14.: FEM–Simulation der thermisch induzierten Verbiegungen eines Layouts mit Verstärkungsbrücken für einen Temperatursenkung von $-30\,^{\circ}\mathrm{C}$ (a) und einen Temperaturanstieg von $+30\,^{\circ}\mathrm{C}$ (b).

Bei einer Abkühlung um $-30\,^{\circ}\mathrm{C}$ treten unter Nutzung der Ausdehnungskoeffizienten von SU–8 Lacken und Silizium in 50 facher Überhöhung, Verbiegungen um etwa 5 bis 10 % auf, diese Verbiegungen entsprechen den in der Literatur angeführten Werten für den Volumenschrumpf von etwa 7,5 % für SU–8 Lacke [112]. Die FEM–Analysen für verschiedene Layouts erlauben einen direkten Vergleich der Layouts. Aus diesem Vergleich können Schlüsse gezogen werden, welche Layouts auftretende Spannungen besser ausgleichen können. Aufgrund der Erkenntnis, dass es bei statistisch verteilten Verstärkungsbrücken häufig dann zu Verbiegungen kommt, wenn die Verstärkungsbrücken auf einer Höhe angeordnet sind, wird auch ein Layout mit gleichförmig angeordneten Verstärkungselementen getestet. Die Verstärkungsbrücken dieses Layouts sind gleichmäßig verteilt und um eine halbe Lamellenlänge versetzt, so dass stets der gleiche Abstand zwischen den Verstärkungsbrücken herrscht. Ein exemplarisches Gitter mit gleichförmig angeordneten Verstärkungsbrücken ist in Abbildung 5.15 (a) in Fotolack für ein Gitter der Periode 2,4 μm dargestellt. In Abbildung 5.15 (b) ist ein Gitter dieser Periode und Anordnung nach dem

Galvanisieren der Absorberstrukturen lichtmikroskopisch abgebildet und in Abbildung 5.15 (c) ist eine REM Aufnahme des selben Gitters nach dem Entfernen der Lackschicht dargestellt. Die erwartete Minimierung der Ver-

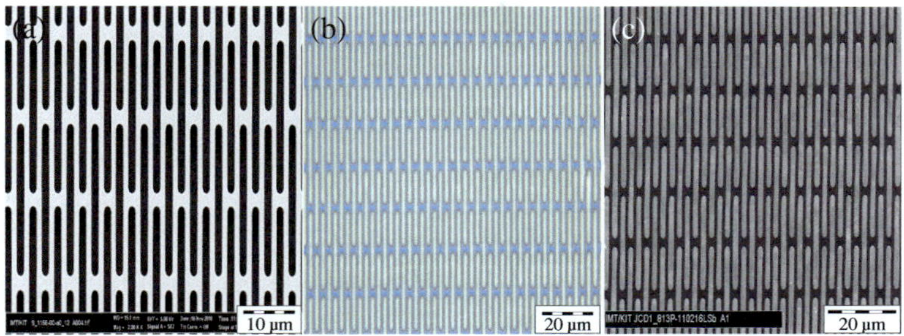

Bild 5.15.: Layout mit gleichmässig angeordneten Verstärkungsbrücken in Fotolack (a) und Metall (b) und (c).

biegungen können ebenfalls anhand von FEM–Analyse überprüft werden. Eine FEM–Analyse des Layouts mit gleichförmig angeordneten Verstärkungsbrücken in derselben Höhe und Periode wie die statistisch verteilten Verstärkungsbrücken (Abbildung 5.16) bestätigt die erwartete Reduktion der Verbiegungen. Die Häufigkeit von Spannungsaufrissen sollte durch die Wahl dieses Layouts somit reduziert werden können.

5.9. Herstellung der Gitter mit Verstärkungsstreben

Eine weitere mögliche Layoutvariante, welche die Fertigung von Analysatorgittern mit hoher mechanischer Stabilität verspricht ist ein Gitter, welches aus durchgehenden Lamellen besteht, jedoch werden zur mechanischen Verstärkung mittels einer Lochmaske unter einem Winkel von 30° Verstrebungen als Verstärkungselement einbelichtet. Ein Winkel von 30° wird gewählt, da bei größeren Winkeln Teilbereiche der Gitterstrukturen durch den Kühlring der Belichtungsanlage abgeschattet werden. Dieser Ansatz ist in Abbildung 5.17 schematisch dargestellt. Die Belackung erfolgt

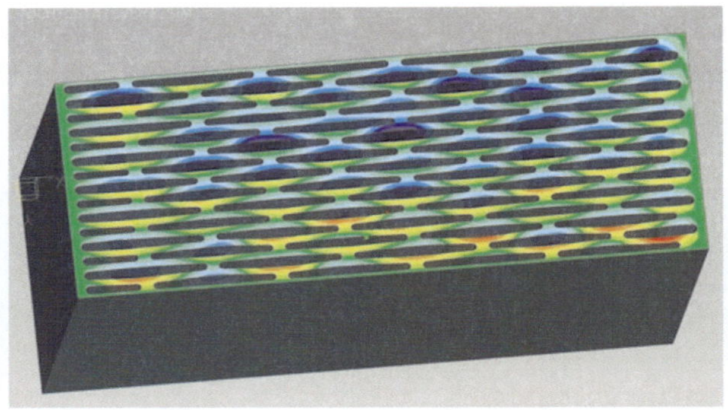

Bild 5.16.: FEM–Simulation der thermisch induzierten Spannungen eines Layouts mit gleichmässig um eine halbe Lamellenlänge versetzt angeordneten Verstärkungsbrücken für einen Temperaturgradienten von $-30\,°C$.

analog zu den Gittern mit Verstärkungsbrücken (Abbildung 5.17 (a und b)). Die Belichtung der Strukturen besteht aus einem mehrstufigen Prozess. In einer senkrechten Positionierung von Maske und Substrat im Strahl, werden zunächst durchgängige Linienmuster ohne Verstärkungselemente belichtet (Vgl. Abbildung 5.17 (c)). In einer weiteren Belichtung werden eine Lochmaske und das Substrat unter einem Kippwinkel von beispielsweise $30°$ im Strahl platziert (Abbildung 5.17 (d)). Durch diese Strukturierungssequenz entstehen Lacksäulen unter einem definierten Winkel zu den Linienstrukturen. Die nach der Entwicklung verbleibenden Strukturen sind in Abbildung 5.17 (e) schematisch dargestellt. Abschließend wird die Galvanikstartschicht in den offenen Kavitäten zunächst durch reaktives Ionen ätzen aktiviert und anschließend, wie in Abbildung 5.17 (f) dargestellt, elektrochemisch gefüllt. Die optimalen Maße der Lochmaske werden anhand eines Testlayouts ermittelt, welches in Abbildung 5.18 dargestellt ist. Das Testlayout ist in zwei Bereiche aufgeteilt. Auf der einen Hälfte befinden sich die Linienstrukturen und auf der anderen Hälfte befindet sich eine flächige Absorberschicht mit einer unterschiedlichen Anordnung und Größe von Löchern, welche später zur Strukturierung der Verstärkungsstreben

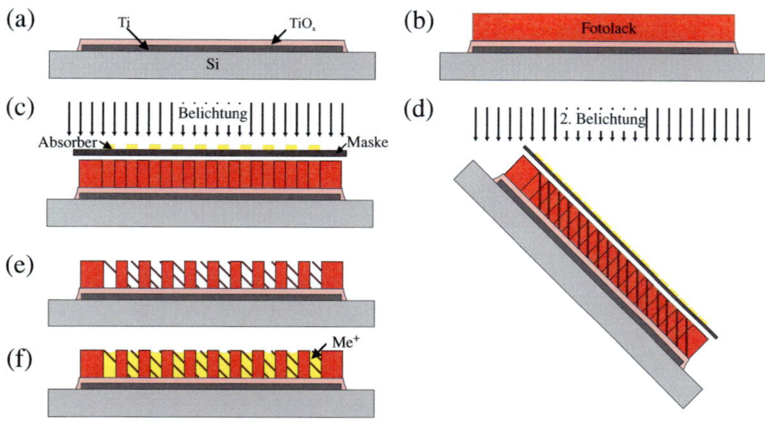

Bild 5.17.: Schematische Darstellung des Prozessablaufs für schräg verstärkte
Linienstrukturen.

dienen. Unter Nutzung dieser Testmaske für die Röntgentiefenlithografie
wird in einem ersten Schritt ein Substrat senkrecht belichtet, um die senkrechten Linienstrukturen zu belichten. In einem weiteren Schritt wird die
Testmaske um 180° zu dem Substrat gedreht, so dass die Lochstrukturen
der Maske über den bereits belichteten Linienstrukturen des Substrats liegen. Durch eine zweite gekippte Belichtung wird nun das Linienmuster mit
den Verstärkungsstreben überlagert.

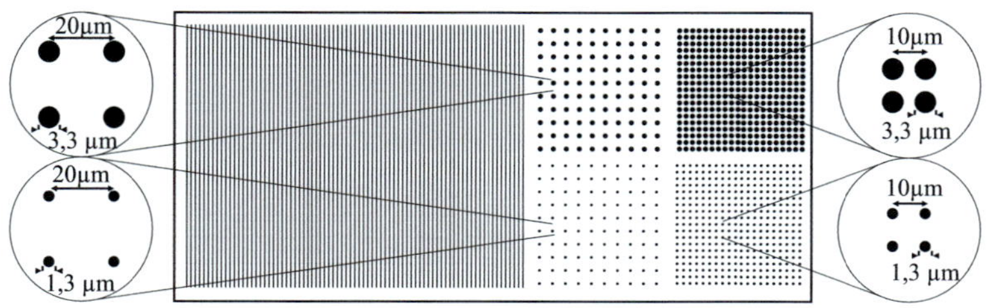

Bild 5.18.: Testmaske zur Analyse einer optimalen Anordnung und Größe der
Verstärkungsstreben.

Die Ergebnisse unterschiedlicher Anordnungen der Verstärkungsstreben sind in Abbildung 5.19 im Fotolack dargestellt, wobei der Abstand der 3,3 μm dicken Verstärkungsstreben im linken Bereich von Abbildung 5.19 (a) 10 μm beträgt. Im rechten Bereich hingegen beträgt der Abstand der Verstrebungen 20 μm. Die Stabilität der Gitterstrukturen ist bei einem Verstre-

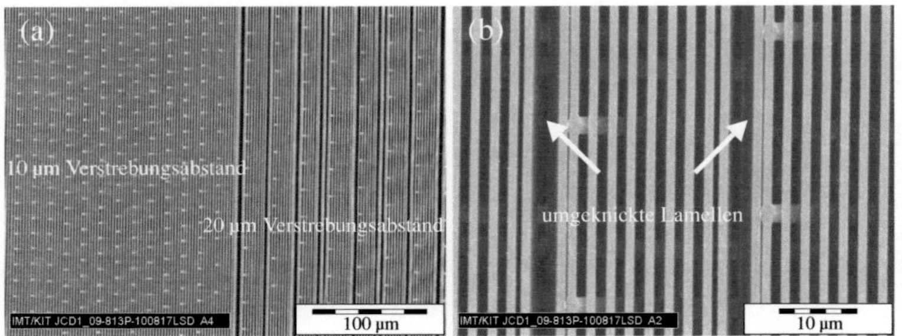

Bild 5.19.: Mit dem Testlayout gefertigte Gitterstrukturen in Fotolack mit unterschiedlichen Abständen der Verstärkungsstreben (a). Bei zu großen Abständen kollabieren die Verstärkungsstreben (b).

bungsabstand von 10 μm gegeben, es entsteht eine Gitterstruktur mit homogener Anordnung der Lackstrukturen. Bei einem Verstrebungsabstand von 20 μm hingegen werden die Lacklamellen nicht ausreichend häufig durch die Verstrebungen verstärkt, was in kollabierten Lacklamellen in regelmäßigen Abständen resultiert. Diese umgeknickten Lamellen sind vergrößert in Abbildung 5.19 (b) dargestellt. Unter den in Abbildung 5.18 dargestellten Anordnungen und Dimensionen der Löcher, zeigte die Anordnung mit Abständen von 10 μm und einem Lochdurchmesser von 3,3 μm den besten Kompromiss aus Stabilisierung und minimaler Unterbrechung der späteren Absorberstrukturen. Vorteil dieses Layouts ist, dass die verstärkenden Elemente die Visibilität nicht verringern, da die Absorberstrukturen durchgehend gestaltet sind und nur durch Fotolacksäulen unterbrochen werden. Im Gegensatz zu den mit Brücken verstärkten Layouts gibt es keine Bereiche an denen die Absorberstrukturen in Strahlrichtung bei der späteren Anwendung komplett unterbrochen sind und somit die Strahlung lokal vollständig transmittiert wird. Die Absorption wird letztlich leicht reduziert, da die Absorberlamellen Löcher aufweisen. Diese verringerte Absorption kann aber durch eine Erhöhung der Absorberhöhe kompensiert werden.

Für diese Layoutvariante wurde ebenfalls eine FEM–Analyse zur Stabilität hinsichtlich der Spannungskompensation durchgeführt. Für die FEM–Analyse werden die gleichen Materialparameter genutzt, die auch schon für die FEM–Analyse der Layouts mit Verstärkungsbrücken genutzt wurden. Die Periode beträgt ebenfalls 2,4 µm und die Höhe der Strukturen 100 µm. Das Layout mit Verstärkungsstreben verspricht einen guten Wi-

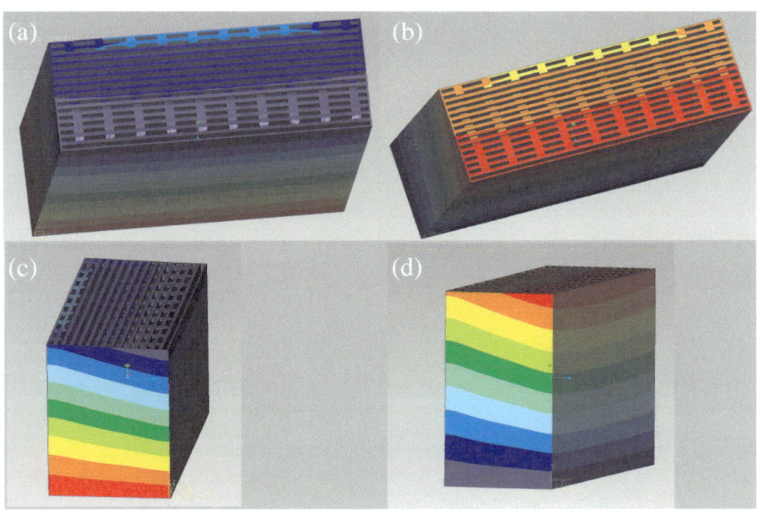

Bild 5.20.: FEM–Analyse der thermisch induzierten Spannungen in einem Layout mit Verstärkungsstreben bei einer Temperatursenkung um $-30°$ (a und c) und einem Temperaturanstieg von $+30°$ (b und d).

derstand gegen Spannungen bei gleichzeitig hoher Visibilität. Die in Abbildung 5.20 (a und b) dargestellten FEM–Analysen zeigen an der Oberfläche der Gitterstrukturen einen homogenen Spannungsverlauf und keine Verbiegungen. Die Spannungen können an der Oberfläche durch die Verstrebungen abgefangen werden. Werden die Gitterstrukturen von der Seite betrachtet, wird ein Spannungsverlauf entlang der Verstärkungsstreben sichtbar. Dieser Spannungsverlauf kann ein homogenes Verbiegen der gesamten Gittermatrix hervorrufen.

Eine Möglichkeit diese einseitige Zugspannung auszugleichen bietet die doppelte Verstärkung der Gitterstrukturen mit Verstrebungen unter $\pm$ 30°. Eine FEM–Analyse dieser Variante unter den gleichen Bedingungen, wie bei den vorhergehenden FEM–Analysen ist für eine Abkühlung um $-30\,°C$ in Abbildung 5.21 dargestellt. Die FEM–Simulation weist dabei auf einen minimierten Spannungsverlauf hin, allerdings nimmt die Tendenz zu Verbiegungen wieder ein wenig zu. Die Zunahme der Verbiegungen ist in Abbildung 5.21 (b) entlang der Seitenansicht des simulierten Modells ersichtlich.

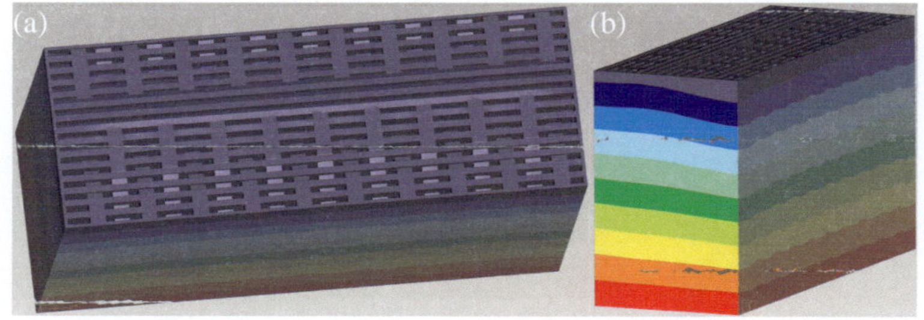

Bild 5.21.: FEM–Analyse der thermisch induzierten Spannungen in einem Layout mit Verstärkungsstreben unter $\pm$ 30° bei einer Abkühlung um $-30\,°$.

5.10. Fazit bezüglich der Layouts

Die Herstellung von Gitterstrukturen im Bereich eines Mikrometers führt ohne Verstärkungselemente stets zum Kollaps der Strukturen. Bereits bei niedrigen Aspektverhältnissen unter einem Wert von zehn kollabieren die Gitter.

Durch geeignete Verstärkungselemente kann die mechanische Stabilität der Strukturen deutlich erhöht werden. Mittels Teststrukturen und FEM–Analysen können die verschiedenen Layouts hinsichtlich ihrer Fähigkeit Spannungen auszugleichen, miteinander verglichen werden.

Aufgrund der vielversprechenden FEM–Ergebnisse der Gitter mit Verstärkungsbrücken und der Gitter mit Verstärkungsstreben werden im Rahmen dieser Arbeit beide Ansätze parallel weiterverfolgt und einander gegenübergestellt.

5.11. Ergebnisse der Gitter mit Verstärkungsbrücken

Brückenverstärkte Gitter sind die im Rahmen dieser Arbeit am häufigsten gefertigten Gitterlayouts. Die Häufigkeit ist bedingt durch die Verfügbarkeit der dazu benötigten Masken, welche von Beginn an genutzt werden konnten. Die folgenden beiden Absätze stellen die Ergebnisse von brückenverstärkten Phasengittern und Analysatorgittern dar.

5.11.1. Phasengitter

Die wichtigsten Qualitätskriterien für phasenverschiebende Gitter sind die Strukturtreue der Gitter, das Tastverhältnis und die Höhe der phasenverschiebenden Strukturen. Eine hohe strukturelle Qualität der Phasengitter ist aufgrund der moderaten Aspektverhältnisse prozesstechnologisch möglich. Ein exemplarisches Phasengitter der Periode 2,4 µm mit üblicher struktureller Qualität ist in Abbildung 5.22 für eine Nickelhöhe von 5 µm dargestellt. Das Tastverhältnis kann in einem REM Schritt gemessen werden. Geringen Abweichungen vom Sollwert kann durch eine Dosisanpassung im Rahmen einer Nachfertigung entgegengewirkt werden. Die Höhe der Hartnickelgitter kann mit einer Toleranz von $\pm$ 10 % kontrolliert werden. Durch die Stromdichteverteilung in der Galvanik entstehen häufig erhöhte galvanische Abscheidung in den Randbereichen von Strukturen. Dieser

Effekt wird als Badewanneneffekt bezeichnet und fließt in die Toleranz der gefertigten Phasengitter mit ein.

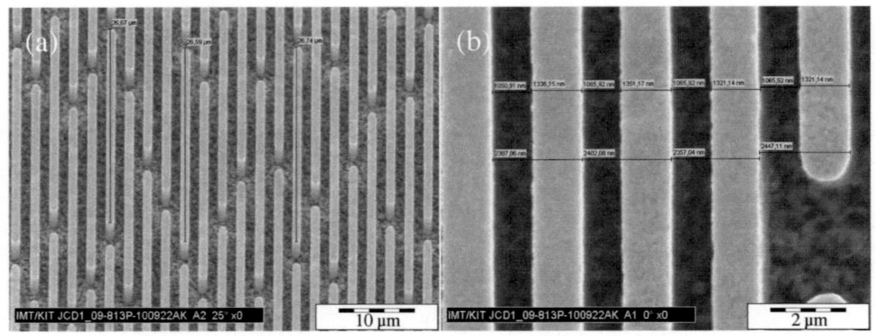

Bild 5.22.: Darstellung eines Phasengitter der Periode 2,4 µm mit Verstärkungsbrücken.

5.11.2. Quellgitter und Analysatorgitter

Der im Rahmen dieser Arbeit entwickelte Fertigungsprozess erlaubt die Herstellung röntgenoptischer Gitter der Periode 2,4 µm mit Aspektverhältnissen von mindestens 100. Durch eine Optimierung der einzelnen Prozessparameter können erstmals Gitter mit diesen Perioden und Aspektverhältnissen hergestellt werden. Abbildung 5.23 zeigt eine großflächige REM–Aufnahme eines röntgenoptischen Gitters mit einem Aspektverhältnis von 100. Das abgebildete Gitter weist eine Periode von 2,4 µm bei einer Absorberhöhe von 130 µm auf. Ein REM–Bild mit höherer Vergrößerung, um die Gitterlamellen genauer zu analysieren ist in Abbildung 5.24 dargestellt. Um eine derartige Seitenansicht der Lamellen zu erhalten, muss das Gitter entlang des Rahmens geschnitten werden. In einem weiteren Schritt wird der Fotolack entfernt. Somit wird eine seitliche Betrachtung der Gitter in den Randbereichen möglich. Versuche die Gitter in der Mitte zu schneiden, um auch Schnittbilder der mittleren Bereiche zu analysieren, scheiterten an dem Krafteintrag der Sägeblätter.

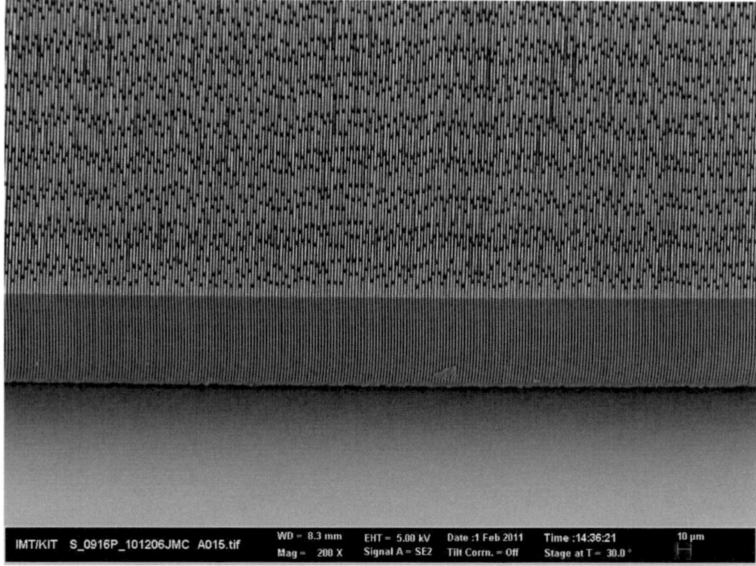

Bild 5.23.: Röntgenoptisches Gitter mit einem Aspektverhältnis von 100.

Die Absorberlamellen knicken beim Sägen stets um. Abbildung 5.25 zeigt eine Ansicht der Längsseite der Lamellen.

5.12. Ergebnisse der Gitter mit Verstärkungsstreben

Im Rahmen dieser Arbeit wurde ebenfalls ein Prozess entwickelt, um das Layout mit Verstärkungsstreben herzustellen. Ergebnisse zu Phasen– und Analysatorgittern werden in den folgenden Abschnitten vorgestellt.

5.12.1. Phasengitter

Wie bei den brückenverstärkten Gittern ist auch für die Gitter mit Verstärkungsstreben eine Nutzung des Layouts für die Herstellung von Phasengittern und Analysatorgittern möglich. Ein mit Verstärkungsstreben gefertigtes Phasengitter ist in Abbildung 5.26 dargestellt. Eine lichtmikro-

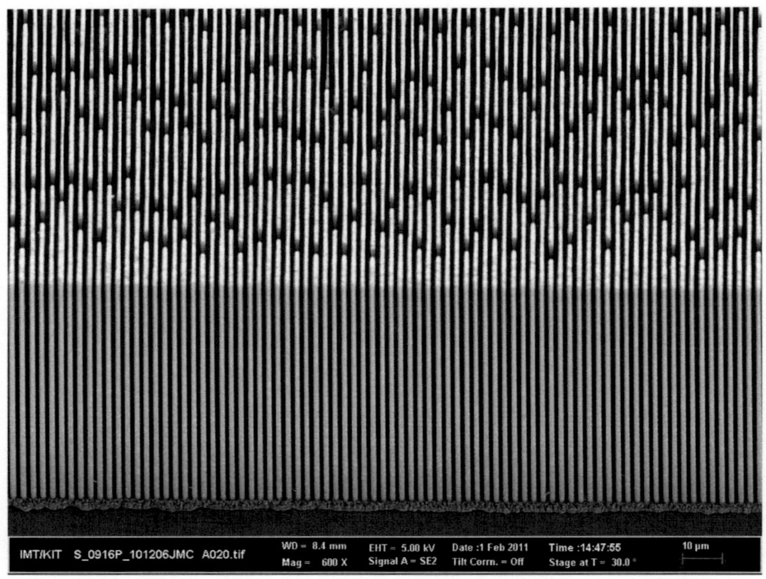

Bild 5.24.: Vergrößerte Aufnahme eines röntgenoptischen Gitters mit einem Aspektverhältnis von 100.

skopische Aufsicht ist in Abbildung 5.26 (a) illustriert, die Linien werden durch die Verstärkungsstreben miteinander verbunden. Aufnahmen des selben Gitters nach der Nickelgalvanik und Entfernen der Lackstruktur ist in Abbildung 5.26 (b und c) dargestellt. Die ehemaligen Verstärkungsstreben verbleiben als Löcher in der galvanisierten Nickellamelle. Da die durch Vertrebungen hervorgerufenen Löcher in den Nickellamellen bei diesen geringen Schichtdicken die Phasenverschiebung deutlich beeinträchtigen, ist kein wesentlicher Vorteil dieses Layouts für Phasengitter zu erwarten. Aufgrund des höheren Herstellungsaufwands bei Gittern mit Verstärkungsstreben durch die mehrfachen Belichtungen, werden die mit Brücken verstärkten Gitter für die Anwendung als Phasengitter favorisiert. Die Herstellung von Phasengittern mit Verstärkungsstreben ist somit zwar möglich, bringt aber bei höherem Fertigungsaufwand keine Vorteile.

Bild 5.25.: Seitenansicht eines röntgenoptischen Gitters mit einem Aspektverhältnis von 100.

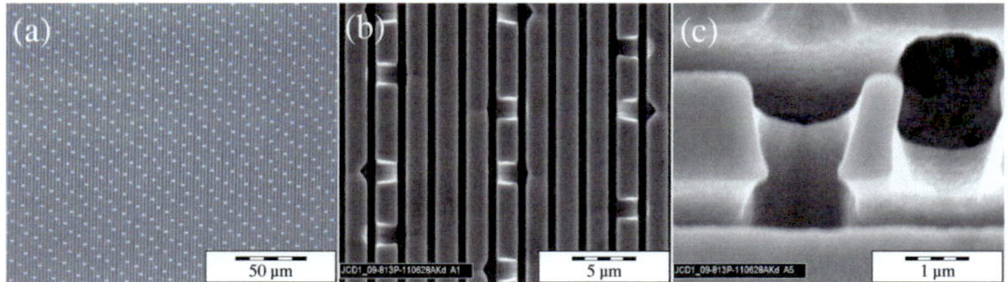

Bild 5.26.: Darstellung eines Phasengitter der Periode 2,4 µm mit Verstärkungsstreben in Fotolack (a), Nickellamellen (b) und einer Detailansicht der Verstärkungsstreben (c).

5.12.2. Quellgitter und Analysatorgitter

Einen deutlichen Vorteil versprechen Gitter mit Verstärkungsstreben bei der Nutzung als Analysatorgitter. Der Visibilitätsverlust gegenüber Gittern mit durchgehenden Lamellen, welcher durch die von den Verstrebungen hervorgerufenen Löcher entsteht, kann durch eine etwa 5 % höhere Absorberschicht ausgeglichen werden. Die somit gewonnen unterbrechungsfreien Linienmuster versprechen einen deutlichen Gewinn an Visibilität. Abbildung 5.27 (a) zeigt die Aufsicht auf ein derart hergestelltes Analysatorgitter. Die für die Stabilität bisher benötigten Verstärkungsbrücken werden durch die schräg einbelichteten Verstärkungsstreben ersetzt. Durch das Entfernen des Fotolacks werden die einbelichteten Lacksäulen ebenfalls entfernt und es verbleiben die in Abbildung 5.27 (a) in der Aufsicht dargestellten Linienstrukturen. An den Stellen, an denen sich vormals die Lackverstärkungsstreben befunden haben entstehen nach dem Entfernen des Lacks Löcher, wie sie in Abbildung 5.27 (b und c) abgebildet sind. Werden die mit

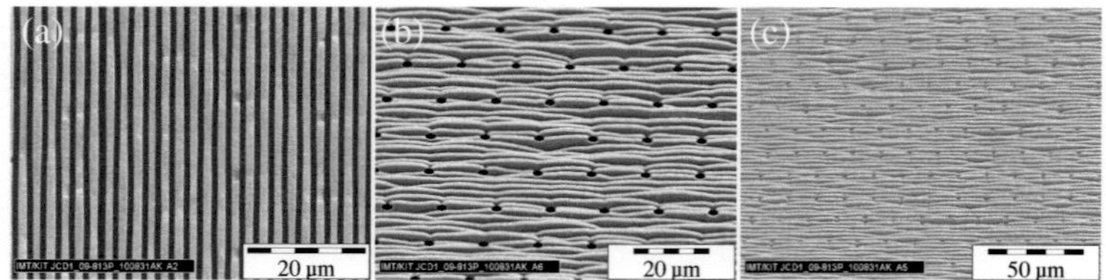

Bild 5.27.: Querverstrebte Gitter mit durchgehenden Absorberlamellen und den charakteristischen Löchern, welche vormals Fotolacksäulen waren in der Draufsicht (a) und Seitenansicht (b und c).

Verstrebungen stabilisierten Linienstrukturen mit den regulär hergestellten Gittern mit Verstärkungsbrücken verglichen, so fällt auf, dass es bei gleichem Aspektverhältnis zu weniger ausgeprägten Verbiegungen der Strukturen kommt.

Lichtmikroskopische Ergebnisse einer zweifachen Belichtung der Verstärkungsstreben sind in Abbildung 5.28 (a) nach dem Post Exposure Bake und in Abbildung 5.28 (b) nach der Galvanik für ein Gitter der Periode 2,4 µm und einer Höhe von etwa 70 µm dargestellt. Abbildung 5.29

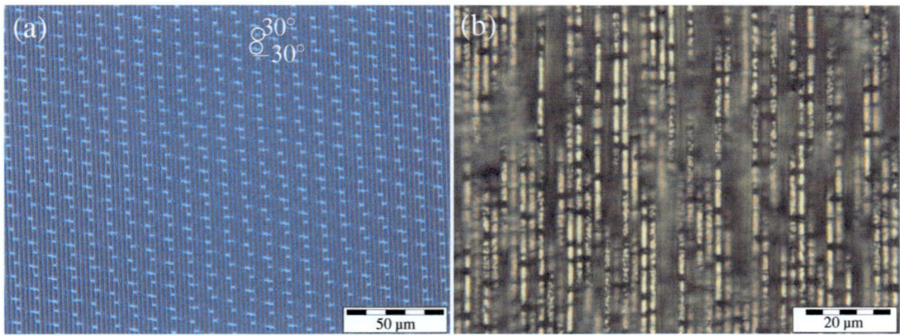

Bild 5.28.: Lichtmikroskopische Aufnahme eines Gitters mit Verstärkungsstreben unter ± 30° im Fotolack (a) und nach der Galvanik (b).

zeigt eine rasterelektronenmikroskopische Aufnahme eines Gitters mit Verstärkungsstrebenen unter 30° und −30° nach der Galvanik und einem anschließenden Lackveraschungsprozess. Die ehemals als Lacksäulen vorhandenen Verstärkungsstreben stellen nach dem Veraschen des Lacks Löcher in der Goldlamellen unter ± 30° dar.

5.13. Herstellung gebogener Gitterstrukturen

Röntgenoptische Gittersätze sollen sowohl an Synchrotronquellen als auch an herkömmlichen Röntgenröhren zur Bildgebung genutzt werden. Aufgrund der Verfügbarkeit konventioneller Röntgenröhren ist eine Nutzung der gitterbasierten Interferometrie hier von besonderem Interesse. Um eine für die Bildgebung ausreichende transversale Kohärenz zu erreichen wird das Quellgitter G_0 im Strahl platziert. Aufgrund der sphärischen Divergenz bedingt durch die Kegelstrahlgeometrie, ergibt sich bei ebenen Gittern mit hohen Aspektverhältnissen bereits bei kleinen Divergenzwinkeln eine Ab-

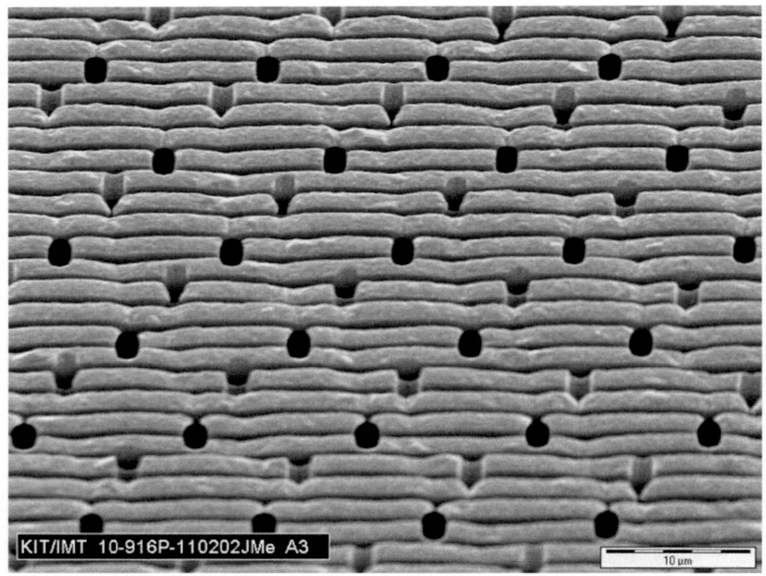

Bild 5.29.: Rasterelektronenmikroskopische Aufnahme eines Gitters nach der Galvanik mit Verstärkungsstreben unter ± 30°.

schattung der Strahlung. Abbildung 5.30 (a) stellt schematisch die Problematik der Abschattung des Strahls durch ein planares Quellgitter dar. Ein Großteil der Intensität wird direkt hinter der Quelle durch das Quellgitter absorbiert. Eine Möglichkeit, die Abschattung durch das Quellgitter zu vermeiden ist die Nutzung von gebogenen Gittern (Vgl. Abbildung 5.30 (b)).

Für die Herstellung gebogener Gitter wird zunächst ein Trägermaterial benötigt, welches eine ausreichende Stabilität bietet, biegbar ist und eine Kompatibilität mit dem bestehenden Fertigungsprozess erlaubt. Erste Versuche mit Quarzglas und dünnen Siliziumsubstraten zeigten eine zu hohe Fragilität der Trägermaterialien. Versuche mit Polyimidfolien zeigten eine gute Biegbarkeit, allerdings auch eine mangelhafte Kompatibilität mit dem LIGA–Prozess. Im Besonderen die Haftung auf den Polyimidschichten stellte sich als unzureichend heraus und es treten in der Goldgalva-

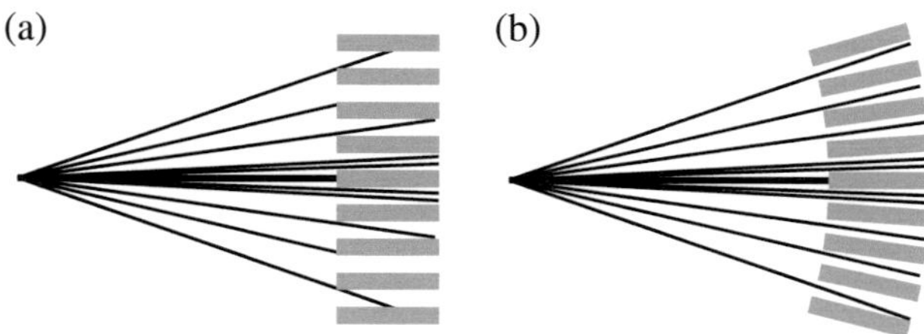

Bild 5.30.: Abschattung der äußeren Bereiche eines Gitterinterferometers aufgrund der Divergenz von Röntgenröhren (a). Reduzierung der Abschattung durch den Einsatz eines gebogenes Gitter (b).

nik großflächige Lackablösungen vom Trägermaterial auf [44]. Ein Ansatz biegbare Gitter herzustellen, bietet die Prozessierung der Gitter auf 50 µm dünnen Titanblechen, was in Abbildung 5.31 schematisch dargestellt ist. Der Prozess zur Herstellung gebogener Röntgengitter basiert auf dem Prozess zur Herstellung ebener Gitter. Im Gegensatz zum Fertigungsprozess ebener Gitter befindet sich eine thermisch deaktivierbare Klebefolie [92] zwischen Trägersubstrat und Titanblech (Abbildung 5.31 (a)). Die Strukturierung verläuft, wie in Abbildung 5.31 (b und c) dargestellt, gemäß der Prozessierung ebener Gitter. Nach der galvanischen Abscheidung der Absorberstrukturen wird eine Temperatur von 120 °C eingebracht und das Titanblech mit der Gitterstruktur kann von der thermisch deaktivierten Klebefolie abgehoben werden (Vgl. Abbildung 5.31 (d)). In einem letzten Schritt wird das Gitter mitsamt der 50 µm dicken Titanschicht gebogen (Vgl. Abbildung 5.31 (e)). Um die Gitterstrukturen in den gewünschten Radius zu biegen werden vorgefertigte Rahmen mit definierten Biegeradien aufgeklebt und somit der Radius der Rahmen auf die Strukturen übertragen.

5.14. Ergebnisse der gebogenen Gitterherstellung

Ein mit dem LIGA–Verfahren auf einer thermisch deaktivierbaren Klebefolie fertig prozessiertes, aber noch nicht abgehobenes Gitter ist in Abbildung 5.32 (a) dargestellt. Dasselbe Gitter ist in Abbildung 5.32 (b) nach

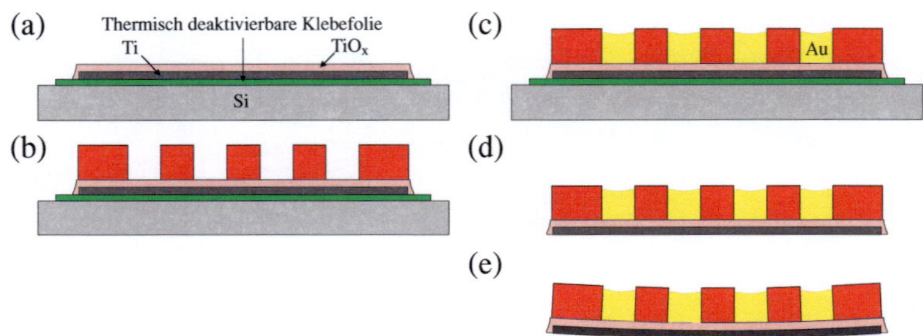

Bild 5.31.: Prozesssequenz gebogener Gitter. Das Titanblech auf einer thermisch deaktivierbaren Folie (a) kann nach Ablauf des LIGA–Prozesses (b und c) abgehoben (d) und gebogen (e) werden.

dem Abheben vom Trägersubstrat und einer anschließenden Fixierung im Biegerahmen dargestellt. Der Einfluss des Biegens auf die Strukturtreue der Gitter wird nach dem Biegeprozess für das gebogene Gitter mit Hilfe eines Rasterelektronenmikroskops analysiert und es kann, wie in Abbildung 5.32 (c) dargestellt, keine Deformation der Matrix festgestellt werden.

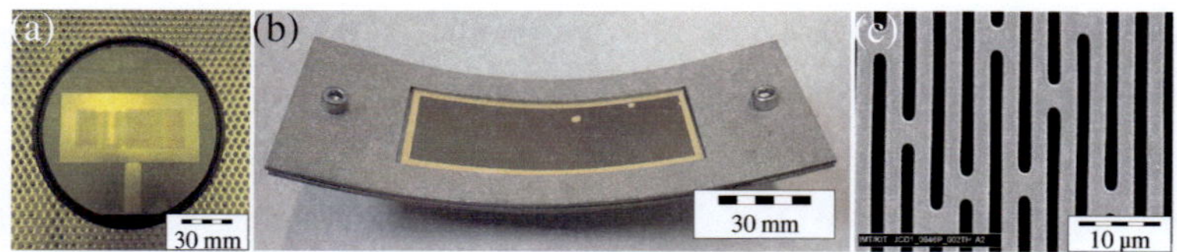

Bild 5.32.: Gebogenes Analysatorgitter mit thermisch deaktivierbarer Folie auf einem Wafer (a), in der Biegevorrichtung (b) und bei der Untersuchung auf Risse in der gebogenen Resistmatrix (c).

6. Gittercharakterisierung

Um die Auswirkungen von strukturellen Abweichungen der Gitter auf die Bildgebung zu diskutieren, werden zunächst mögliche Abweichungen der Gitter von der Sollstruktur und ihre Analysemöglichkeiten vorgestellt.

6.1. Methode der Messungen

Einen ersten Eindruck über die Gitterqualität bieten herkömmliche lichtmikroskopische Methoden, wobei die Analyse auf die Oberflächenbeschaffenheit der Gitter beschränkt ist. Der Erhalt von Tiefeninformationen scheitert zumindest im Fall von Analysatorgittern an den hohen Aspektverhältnissen. Durch die optischen Analysemethoden können lokale Strukturabweichungen, welche an der Oberfläche auftreten, identifiziert werden. Auf diese Weise können Verbiegungen, der galvanische Füllstand und Spannungsaufrisse identifiziert werden. Darüber hinaus kann mittels eines Rasterelektronenmikroskops das Tastverhältnis gemessen werden. Aufgrund von Kantenverrundungen ist die Toleranz bei lichtmikroskopischen Messungen des Tastverhältnisses in der Größenordnung eines Mikrometers zu groß. Nachteil der optischen Methoden ist, dass sie sich auf einen sehr kleinen Bereich des Gitters beschränken und somit eine Aussage zur Gesamtqualität des Gitters mit einem sehr hohen zeitlichen Aufwand verbunden ist. Ein Gitter der Periode 2,4 µm mit Verstärkungsbrücken auf einer LIGA–Standardfläche von 1150 mm^2 umfasst 14,5 Millionen zu analysierende Lamellen.

Eine Abweichung der Periodizität im Bereich weniger Nanometer ist aufgrund der Messtoleranz nur über eine Vielzahl von Perioden messbar und somit nicht mit den verfügbaren Mikroskopen identifizierbar.

Um Abweichungen der Periodizität zu identifizieren und Aussagen zur Qualität eines Gittersatzes über die gesamte Gitterfläche zu treffen, eignet sich die Kartierung der Visibilität. Dies gilt jedoch nur unter Nutzung von Pixelgrößen im Bereich eines Vielfachen der Gitterperiodizität. Eine Verschiebung der Periodizität schwächt die Visibilität auf dem dahinter liegenden Pixel ab. Im Extremfall einer Verschiebung um eine halbe Periode wird die Visibilität auf dem dahinter liegenden Pixel vollständig ausgelöscht.

6.1.1. Visibilität

Das Kartieren der Visibilität bietet die Möglichkeit, die Leistungsfähigkeit eines Gittersatzes über die gesamte strukturierte Gitterfläche zu messen. Die Visibilität hängt dabei von allen Gittern im Aufbau ab. Abweichungen in der Gittersollstruktur, wie Verbiegungen, zu geringe galvanische Füllhöhen oder Änderungen des Tastverhältnisses reduzieren hierbei die Visibilität. Für die Analyse der Qualität eines einzelnen Gitters ist es notwendig denselben Aufbau zu verwenden und stets nur einen Parameter, also ein Gitter zu tauschen. So wird beispielsweise zur Analyse der Qualität von Analysatorgittern stets das selbe Phasengitter um einen möglichen Einfluss der Visibilität durch ein anderes Phasengitter zu vermeiden. Über die experimentell erreichten Visibilitäten können Analysatorgitter so entweder qualitativ miteinander verglichen werden oder mit simulierten Visibilitäten für fehlerfreie Gitter verglichen werden. Nachteil dieser Messmethode ist, dass die Messung der Visibilität nur eine Aussage über einen Gittersatz in Abhängigkeit des genutzten Aufbaus erlaubt. Das bedeutet, dass die erreichte Visibilität nicht nur von der Qualität der Gitter abhängt, sondern auch die Eigenschaften der Quelle und die Justierung der Gitter widerspiegelt. Unter Nutzung einer Synchrotronquelle mit einer hohen transversalen

Kohärenz wird ein Zweigitteraufbau genutzt. Es können hohe Visibilitäten erreicht werden und die Messergebnisse spiegeln hauptsächlich die Qualität der Gitter wider. Unter Nutzung einer Mikrofokusröhre mit einer aufgrund der kleinen Quellgröße ausreichenden transversalen Kohärenz, werden die erreichbaren Visibilitäten durch das polychromatische Spektrum aber bereits deutlich verringert. Bei einer Röntgenröhre wird schließlich nur durch das zusätzlich genutzte Quellgitter die Kohärenzbedingung sichergestellt. Hier kann erwartet werden, dass die Visibilität aufgrund des dritten Gitters im Strahl und des polychromatischen Lichts noch geringer sein wird, als bei einem Zweigitteraufbau an einer Mikrofokusröhre oder einem Synchrotron.

Die Talbotabstände und die Phasengitterdicke können auch bei der Nutzung von Mikrofokusröhren oder Röntgenröhren nur für eine definierte Energie ausgelegt werden, wofür in der Regel die Energie der Spitze des Gauss'schen Spektrums der Röhre herangezogen wird. Aufgrund des polychromatischen Spektrums wird das Interferenzmuster allerdings auch von den anderen Energien des Spektrums beeinflusst, weshalb das Detektorsignal aufgrund einer Überlagerung von Talbot–Mustern unterschiedlicher Wellenlänge verschmiert wird. Das zur Berechnung der Visibilität genutzte Verhältnis von maximalen und minimalen Intensitäten und somit auch die Visibilität wird deutlich geringer.

Die Eigenschaften der Quelle zeigen einen so hohen Einfluss auf die Visibilität, dass die Absolutwerte eines Gittersatzes unter Nutzung verschiedener Quellen nicht miteinander vergleichbar sind.

Visibilitätsverlust aufgrund von Tastverhältnisabweichungen des Phasengitters

Mit einer Variation des Tastverhältnisses des Phasengitters ändern sich, wie in Abbildung 6.1 dargestellt, die fraktionalen Talbot–Ordnungen. Der Talbot–Abstand d_T selbst bleibt gleich, da er nur von der Periode und

der Wellenlänge abhängig ist. Die Visibilität in einer fraktionalen Talbot–
Ordnung wird durch eine Variation des Tastverhältnisses beeinflusst. Bei
lokalen Änderungen des Tastverhältnisses verschieben sich die fraktionalen
Abstände lokal und dadurch ist das Gitter G_2 nicht mehr genau an der Stelle
mit der höchsten Visibilität. Dieser Zusammenhang ist für eine Phasenverschiebung um π und einem Tastverhältnis von 0,5 in Abbildung 6.1 (a) und
0,7 in Abbildung 6.1 (c) anhand einer Wellenfeldpropagation dargestellt.
Für einen Phasenschub von $\frac{\pi}{2}$ ist die Wellenfeldpropagation für Tastverhältnisse von 0,5 und 0,7 in Abbildung 6.1 (b und d) dargestellt. Bei der Betrachtung der dritten fraktionalen Talbot–Ordnung tritt eine Verschiebung
des Interferenzmaximums nach rechts auf. Der Einfluss von Variationen

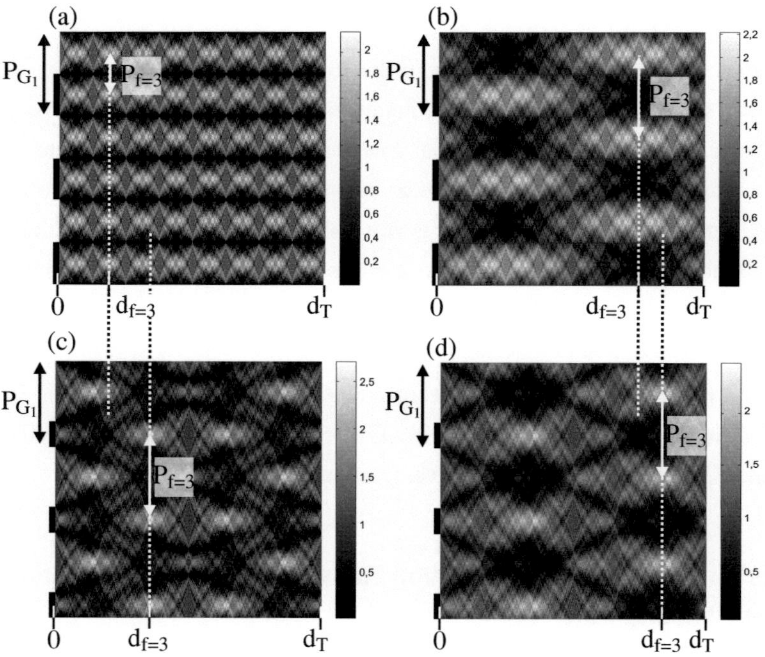

Bild 6.1.: Talbot–Muster für einen reinen Phasenschub von π (a und c) und
$\frac{\pi}{2}$ (b und d) für ein Phasengitter mit einem Tastverhältnis von 0,5 (a und b)
und 0,7 (c und d) [103].

des Tastverhältnisses wurde im Rahmen des PHACT-Projekt[1] von den Projektpartnern an der Universität Erlangen mittels Wellenfeldpropagationsmodellen simuliert. Sie beschreiben, wie in Abbildung 6.1 dargestellt, den Einfluss des Tastverhältnisses auf die erreichbare Visibilität. Variationen im Tastverhältnis wirken sich für die verschiedenen Gitterarten unterschiedlich stark aus. Bei Phasengittern verursacht eine Tastverhältnisvariation um den Wert von 0,5 eine lineare Abnahme der Visibilität (Abbildung 6.2 (a)). Bei Tastverhältnissen von 0,4 oder 0,6 ist die Visibilität hier schon um etwa 25 % geringer. Bei Tastverhältnissen unterhalb von 0,25 und überhalb von 0,75 ist keine Visibilität mehr erreichbar [8, 77]. Das Tastverhältnis

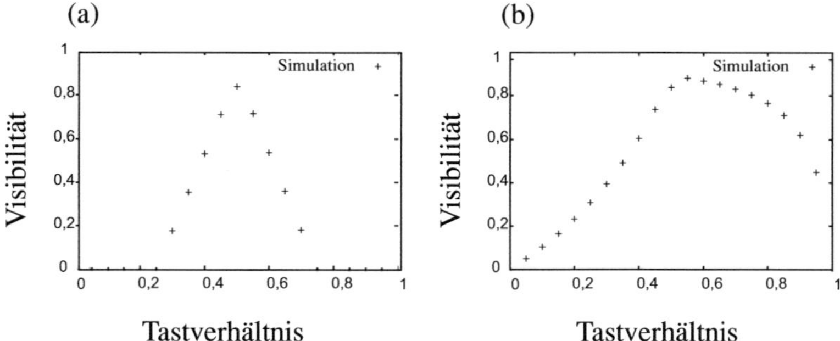

Bild 6.2.: Simulationen zum Einfluss einer Änderung des Tastverhältnisses eines Phasengitters (a) und eines Analysatorgitters (b) [8].

der im Rahmen dieser Arbeit hergestellten Phasengitter zeigte nur geringe strukturelle Abweichungen von unter 5 %, weshalb nicht von einer großen Visibilitätsminderung aufgrund des Phasengitters auszugehen ist.

---

[1]Ein vom BMBF gefördertes Projekt zur medizinischen Röntgen-Phasenkontrastbildgebung mit dem Förderkennzeichen 01EZ0924.

Visibilitätverlust aufgrund Variationen des Tastverhältnisses des Analysatorgitters

Bei Analysatorgittern ist der Einfluss des Tastverhältnisses auf die erreichbare Visibilität in Abbildung 6.2 (b) dargestellt. In Richtung kleiner Tastverhältnisse ist sie ähnlich linear abnehmend wie bei den Phasengittern. In Richtung höherer Tastverhältnisse ist bis zu Tastverhältnissen von 0,8 nur eine minimale Verschlechterung der Visibilität zu erwarten [8, 77]. Wenn die Periode des Analysatorgitter weiterhin der Periodizität des Interferenzmusters entspricht, werden beim Rastern hohe Visibilitäten erreicht. Eine Erhöhung des Tastverhältnisses des Analysatorgitters bewirkt aber eine Verringerung der Schlitzbreiten des Analysatorgitters. Durch die geringere Schlitzbreite werden die Übergänge zwischen maximaler Intensität und minimaler Intensität des Interferenzmusters durch die schmaleren Schlitze ausgeblendet. Grauwerte im Interferenzmuster werden gewissermassen ausgeblendet. Sie gehen dann beispielsweise nicht in die Messung ein, wenn das Analysatorgitter derart positioniert ist, dass die gesamte Intensität absorbiert werden soll. Die minimalen Intensitätswerte sind also kleiner und die Visibilität steigt. Dieser Umstand kann auch anhand der Dreiecks– oder Sinuskurven der Intensität, die während des Rasterns entstehen erklärt werden. Durch die geringeren Schlitzbreiten wird bei der Ermittlung der Visibilität weniger über die abfallenden oder ansteigenden Flanken der Kurven gemittelt.

Erst wenn die Schlitzbreiten zu gering sind, nimmt die Visibilität wieder ab, da nur noch ein unzureichendes Maß an Intensität den Detektor erreicht.

Aufgrund der hohen Aspektverhältnisse und den daraus resultierenden fertigungstechnischen Anforderungen ist bei den Analysatorgittern von häufiger auftretenden lokalen Abweichungen des Tastverhältnisses auszugehen. Die Abweichungen sind allerdings bereits mittels lichtoptischen Messmethoden identifizierbar.

Visibilitätsverlust aufgrund von Tastverhältnisabweichungen des Quellgitters

Bei Dreigitteraufbauten beeinflusst auch das Quellgitter die erreichbare Visibilität. Durch das Quellgitter wird, wie bereits in den Grundlagen erläutert, die große Quelle durch mehrere Schlitzquellen einer Periodizität von wenigen Mikrometern ersetzt. So kann mit einer gezielten Manipulation des Tastverhältnisses auch ein deutlicher Einfluss auf die Gesamtvisibilität erzielt werden. Durch das Vergrößern des Tastverhältnis werden die Metalllamellen breiter und die Lücken schmaler, was zu einer Reduzierung der Schlitz und somit Quellgröße führt. Dies erhöht die transversale Kohärenz und gleichzeitig die erreichbare Visibilität. Unter Nutzung divergenter Strahlquellen, wie Röntgenröhren ist die Erhöhung der Visibilität durch eine Minimierung der Schlitzbreite jedoch beschränkt, da sich mit kleineren Schlitzbreiten auch Abschattungseffekte deutlich erhöhen. Je kleiner die Schlitzbreiten der ebenen Quellgitter werden, desto größere Anteile der divergenten Strahlung werden absorbiert und die Ausleuchtung der Randbereiche des Detektors nimmt somit ab.

6.1.2. Moiré Muster

Bei der Überlagerung zweier oder mehrerer periodischer Linienmuster entstehen so genannte Moiré–Muster [70, 75]. Dieser Effekt wurde bereits 1874 von Lord Rayleigh genutzt, um Aussagen über die Qualität zweier optischer Gitter zu treffen, ohne die einzelnen Gitterstrukturen mit einem Mikroskop sichtbar machen zu können [70]. Rayleigh konnte damit mikroskopisch nicht sichtbare Fehler eines Gitters nachweisen, da kleine Versetzungen der übereinander liegenden Linienmuster zu größeren und somit messbaren Verschiebungen in den Moiré–Mustern führten. Abbildung 6.3 zeigt exemplarisch ein Moiré–Muster zweier identischer geradliniger Linienstrukturen. Die beiden Linienstrukturen sind um einen Winkel α zueinander verkippt. Das entstehende Muster weist deckungsgleiche Überlagerungen an Stellen vor, an denen die dunklen Linien der Muster genau aufeinander liegen. Diese Überlagerungen liefern im Moiré–Bild hellere Linien. Dunkle Linien entstehen an Stellen, an welchen die Gitter versetzt zueinander angeordnet sind. Das Maximum wird erreicht, wenn die Linien genau eine halbe Periode zueinander versetzt sind. Die Anzahl der Moiré–Linien hängt vom Winkel α der Verkippung und der Periode der Linienstrukturen ab. Bei großem Winkel schneiden sich die Linien der beiden Linienstrukturen häufiger und es entstehen somit auch mehr Moiré–Linien. Das Entstehen solcher Überlagerungsmuster wird für die gitterba-

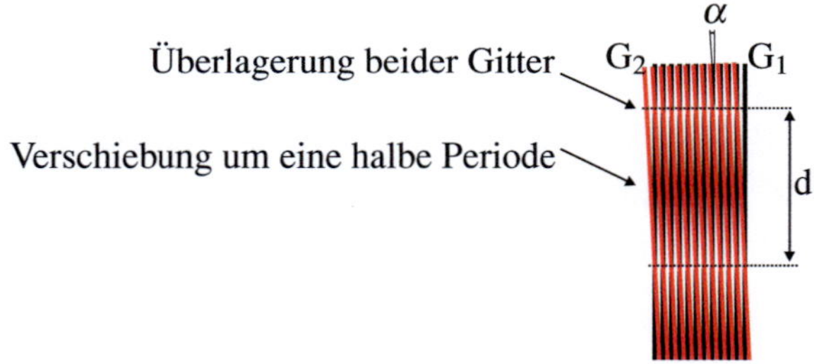

Bild 6.3.: Entstehung von Moiré–Mustern durch Überlagerung zweier Linienstrukturen.

sierte Bildgebung in einem interferometrischen Aufbau genutzt, um die Gitter im Strahl zueinander auszurichten. Abbildung 6.4 stellt mögliche Ausrichtungsschritte dar. In Abbildung 6.4 (a) ist zunächst ein einzelnes Gitter mit periodischen Linienstrukturen dargestellt. In Abbildung 6.4 (b) hingegen sind zwei dieser periodischen Linienstrukturen unter einem Kippwinkel von zehn Grad dargestellt. Hier sind mehrere Moiré–Linien zu erkennen. Wird nun der Winkel der Verkippung minimiert und somit die Linienstrukturen zueinander ausgerichtet, so nimmt die Anzahl der Moiré–Linien ab, wie in Abbildung 6.4 (c) für eine Verkippung von fünf Grad gezeigt. Bei einer optimalen Ausrichtung der Linienstrukturen verschwinden dann die Moiré–Linien und es ist nur eine Linienstruktur zu sehen, da die Linien genau deckungsgleich sind. Dies ist in Abbildung 6.4 (d) dargestellt. Eine Veränderung der Periode innerhalb der Gitterstrukturen ist

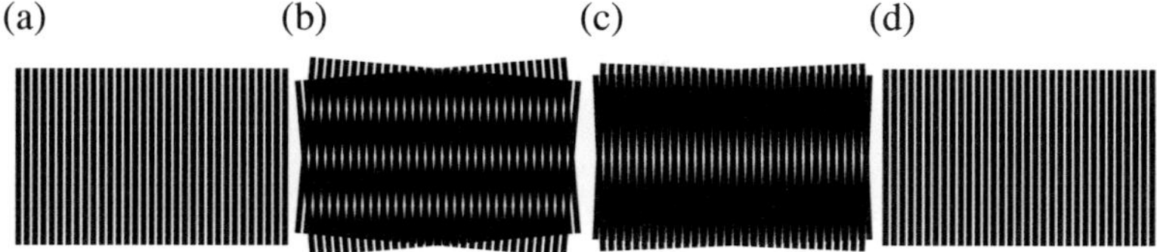

Bild 6.4.: Überlagerung zweier identischer geradliniger Linienmuster gleicher Periode unter verschiedenen Kippwinkeln.

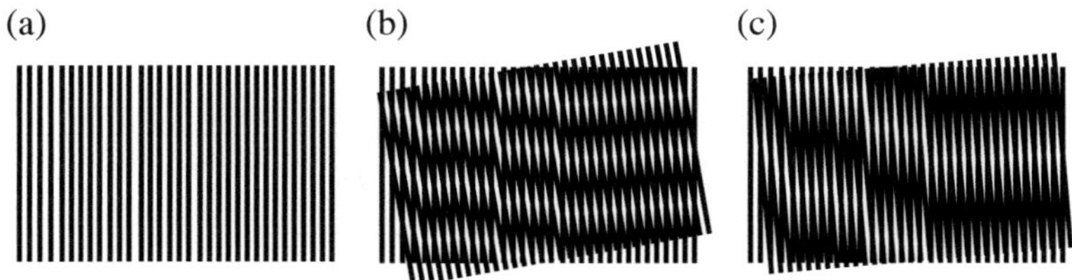

Bild 6.5.: Überlagerung eines Linienmuster konstanter Periode und eines Linienmusters mit variierender Periode unter verschiedenen Kippwinkeln.

eine mögliche Abweichung vom Sollzustand der Gitter. Abbildung 6.5 (a) stellt ein Linienmuster mit variierender Peiode dar, welches mit dem Linienmuster konstanter Periode aus Abbildung 6.4 (a) überlagert wird. Bei der Überlagerung entstehen unter den Kippwinkeln von fünf und zehn Grad (Abbildung 6.4 (b und c)) deutlich abweichende Muster von denen, die bei konstanten Perioden entstehen. Daher können Moiré–Muster genutzt werden, um Periodenabweichungen der hergestellten Gitterstrukturen zu identifizieren.

Abbildung 6.6 stellt die geometrischen Zusammenhänge zweier konstanter Linienstrukturen unterschiedlicher Periode dar, welche unter einem Kippwinkel α zueinander ausgerichtet sind. Hierbei ist P_1 die Periode des ersten Gitters und P_2 die Periode des zweiten Gitters. Es gilt für Gitter unterschiedlicher Periode und beliebigem Kippwinkel α folgende mathematische Herleitung, um die Abstände der Moiré–Linien zu berechnen. Anhand der Flächenberechnung des Parallelogramms ABCD kann zunächst die Fläche ausgerechnet werden.

$$A_{ABCD} = BC \times P_2 = AB \times d = AC \times P_1 \tag{6.1}$$

Aus der Gleichung für die Flächenberechnung folgt:

$$BC = \frac{AB \times d}{P_2} \tag{6.2}$$

und

$$AC = \frac{AB \times d}{P_1} \tag{6.3}$$

Mit Hilfe des Kosinussatzes für das Dreieck ABC, kann berechnet werden.

$$AB^2 = BC^2 + AC^2 - 2\,(BC \times AC) \times \cos \alpha \tag{6.4}$$

Durch einsetzen von Formel 6.1, 6.2 und 6.3 folgt:

$$AB^2 = \left(\frac{AB \times d}{P_2}\right)^2 + \left(\frac{AB \times d}{P_1}\right)^2 - 2\left(\left(\frac{AB \times d}{P_2}\right)\left(\frac{AB \times d}{P_1}\right)\right) \times \cos\alpha \tag{6.5}$$

Dies wird vereinfacht zu:

$$1 = \left(\frac{d}{P_2}\right)^2 + \left(\frac{d}{P_1}\right)^2 - 2 \times \left(\frac{d}{P_2 \times P_1}\right)^2 \times \cos \alpha \tag{6.6}$$

und

$$\frac{1}{d^2} = \left(\frac{1}{P_2^2}\right) + \left(\frac{1}{P_1^2}\right) - \frac{2 \times \cos \alpha}{P_2 \times P_1} \tag{6.7}$$

Mit Hilfe von Formel 6.7 kann der Abstand d berechnet werden.

$$d = \frac{P_1 \times P_2}{\sqrt{P_1^2 + P_2^2 - 2 \times P_1 \times P_2 \times \cos \alpha}} \tag{6.8}$$

Für die in Abbildung 6.4 dargestellte exemplarischen Überlagerung zweier Gitter mit beispielsweise einer Periode von 2,4 µm des ersten Gitters und einer Periode von 4,8 µm des zweiten Gitters ergibt sich unter einem Kippwinkel von zehn Grad ein Abstand der Moiré–Linien von 1,66 µm. Unter einem Kippwinkel von fünf Grad erhöht sich der Abstand auf 2,44 µm.

Im Falle von variierenden Perioden der Gitter wird die Berechnung ungleich komplexer, da sich die Periode lokal ständig ändern kann. Dies benötigt eine Simulation, welche aufgrund ihrer Komplexität nicht im Rahmen dieser Arbeit durchgeführt werden konnte.

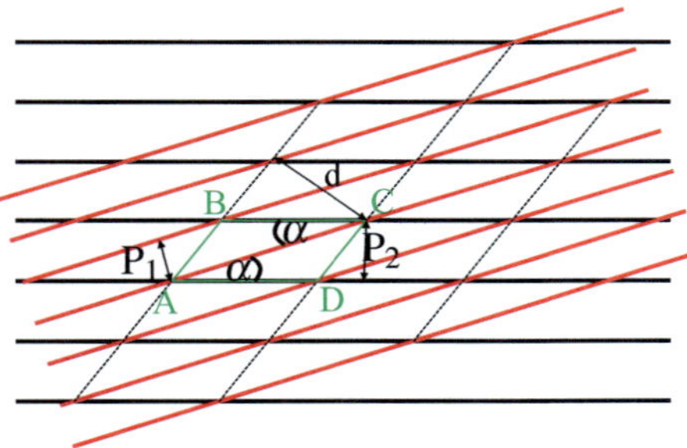

Bild 6.6.: Geometrische Zusammenhänge zur Berechnung des Abstands d der Moiré–Linien.

6.2. Ergebnisse

Die hergestellten Gitterstrukturen wurden im Rahmen dieser Arbeit an verschiedenen Strahlquellen charakterisiert. Dabei wurde der Einfluss struktureller Abweichungen und verschiedener Layoutvarianten auf die Bildgebung genauer betrachtet. Die genutzte Quelle spielt allerdings eine entscheidende Rolle bezüglich der Charakterisierung, da die Eigenschaften einer Quelle die erreichbare Visibilität beeinflusst.

6.2.1. Visibilität an Synchrotronquellen

Aufgrund der hohen Kohärenz der Strahlung erlaubt die Bildgebung an Synchrotronquellen hohe Auflösungen bei der Bildgebung, welche die Gittercharakterisierung begünstigen.

Messungen an TopoTomo

Das TopoTomo Strahlrohr an ANKA liefert die Strahlcharakteristik eines Ablenkmagneten. Ziel der Messzeit war eine Aussage über den Einfluss von strukturellen Abweichungen von Analysatorgittern der Periode 2,4 μm mit Verstärkungsbrücken zu treffen [3]. Die verschiedenen Analysatorgitter werden immer in Kombination mit dem selben Nickel Phasengitter der Periode 2,4 μm und einer Dicke von 3,7 μm genutzt. Die Gitteranalysen wurden mit dem so genannten „white beam“, welcher das gesamte an TopoTomo erhältliche polychromatische Spektrum von 1,5 bis 40 keV [36] wiedergibt, durchgeführt. Es wird also kein Monochromator genutzt. Aufgrund des polychromatischen Spektrums ist eine geringe Visibilität zu erwarten. Als Detektor wird ein *pco.4000* CCD–Detektor der *PCO AG* mit einer effektiven Pixelgröße von 6,6 μm verwendet [93]. Gemessen wird in der ersten Talbot–Ordnung bei einem Energieschwerpunkt von 25 keV. Der Abstand zwischen Phasengitter und Analysatorgitter beträgt 581 mm [49]. Abbildung 6.7 (a) zeigt eine REM–Aufnahme des ersten Analysatorgitters (Gitter$_1$) mit einer Periode von 2,4 μm und einer Dicke von 35 μm nach dem Entfernen der Lackschicht. Das Gitter weist typische Galvanikstartprobleme auf, weshalb in den markierten Bereichen keine Absorberlamellen aufgewachsen sind. Die vorhandenen Absorberlamellen weisen nur geringe Verbiegungen und somit eine hohe Strukturtreue auf. Die Visibilitätskartierung dieses Analysatorgitters ist in Abbildung 6.7 (b) dargestellt und zeigt maximale Visibilitätswerte von 9,1 %. Die mittlere Visibilität liegt etwa bei der Hälfte und beträgt 5,3 %. Um auch die Bildgebung mit den Gittern zu betrachten, wird als Objekt ein Käfer auf einem Pin aufgeklebt. Die er-

130

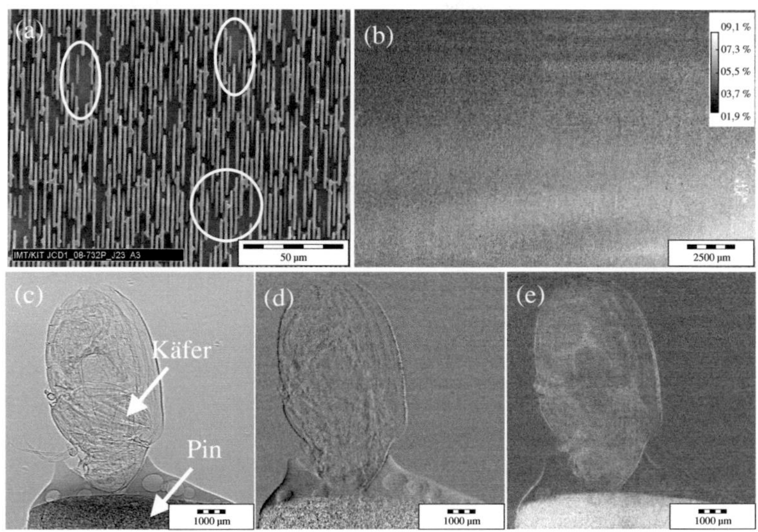

Bild 6.7.: REM–Aufnahme eines Analysatorgitters (a) mit der dazugehörigen Visibilitätskartierung (b) und rekonstruierten Bildern eines Käfers im Absorptions– (c), Phasen– (d) und Dunkelfeldkontrast (e).

zielten Bilder im Absorptions–, Phasen– und Dunkelfeldkontrast sind in Abbildungen 6.7 (c–e) dargestellt. Ziel der Versuche war, unterschiedliche strukturelle Abweichungen miteinander zu vergleichen und deren Auswirkungen auf die Bildqualität zu analysieren. Der Käfer zeigt im Absorptionskontrast trotz fehlender Lamellen ein klares Bild. Im Phasenkontrast sind stärkere Signale an den Kanten zu erkennen, das Bild erscheint aber weichgezeichnet. Das Dunkelfeldbild des Käfers erscheint ebenfalls weichgezeichnet. Der Pin hingegen zeigt ein starkes Dunkelfeldsignal.

Eine REM–Aufnahme des zweiten Analysatorgitters (Gitter$_2$) mit einer weiteren strukturellen Abweichung ist in Abbildung 6.8 (a) dargestellt. Lokale Verbiegungen der Lamellen bewirken eine leichte Welligkeit der Gitter. Die Höhe des Gitters beträgt 50 μm. Die maximale Visibilität (Abbildung 6.8 (b)) ist mit 13,2 % bereits höher als die des ersten Gitters. Die

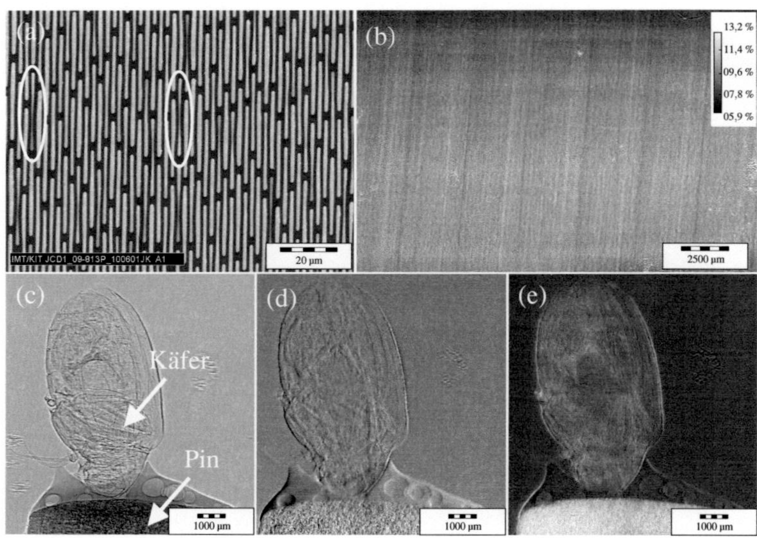

Bild 6.8.: REM–Aufnahme des zweiten Analysatorgitters (a) mit der dazugehörigen Visibilitätskartierung (b) und rekonstruierten Bildern im Absorptions– (c), Phasen– (d) und Dunkelfeldkontrast (e).

mittlere Visibilität des Gitters liegt mit 9,8 % bereits fast doppelt so hoch, wie die des ersten Gitters. Die Bildgebung unter Nutzung des selben Objekts ist ebenfalls in Abbildungen 6.8 (c–e) für die unterschiedlichen Kontrastmethoden dargestellt. Im Besonderen der Phasen– und Dunkelfeldkontrast erscheinen weniger weichgezeichnet. Die blasenförmigen Strukturen in der Visibilitätskarte und in den Bildern entstehen nicht aufgrund von Gitterfehlern, sondern resultieren aus einer Verunreinigungen des Berylliumfensters am TopoTomo Strahlrohr. Deutliche Unterschiede zu den vorhergehenden beiden Gittern zeigt das dritte Analysatorgitter (Gitter$_3$). Als strukturelle Abweichung liegen spannunginduzierte Aufrisse der Gittermatrix vor, auf welche die Pfeile in Abbildung 6.9 (a) hinweisen. Sie treten etwa alle 100 bis 200 µm auf. Das Gitter weist eine Absorberdicke von 70 µm auf und ist somit im Rahmen dieser Testreihe an TopoTomo das dickste Gitter. Da die Spannungen im Fotolack mit zunehmender Schicht-

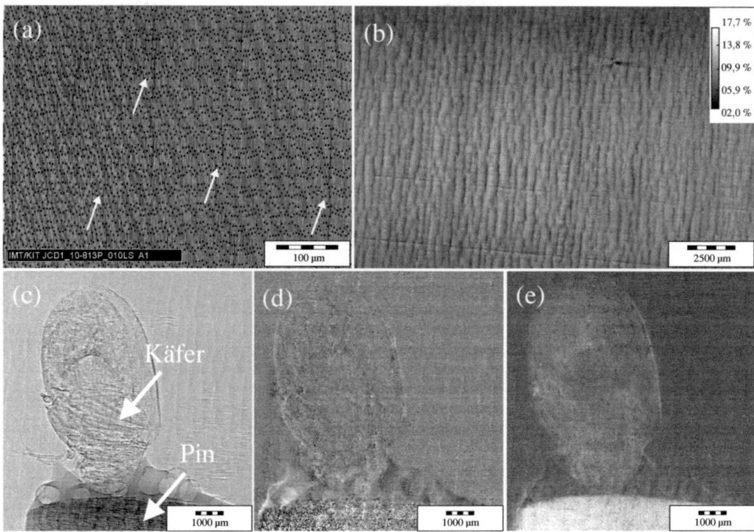

Bild 6.9.: REM–Aufnahme des dritten Analysatorgitters (a) mit der dazugehörigen Visibilitätskartierung (b) und rekonstruierten Bildern im Absorptions– (c), Phasen– (d) und Dunkelfeldkontrast (e).

dicke schlechter ausgeglichen werden können, nimmt auch die Wahrscheinlichkeit auftretender Spannungsaufrisse mit der Schichtdicke zu. Aufgrund der hohen Absorberschichtdicke liefert das dritte Analysatorgitter auch die höchste maximale Visibilität von 17,7 %. Die mittlere Visibilität von 8,4 % ist geringer als die des zweiten Gitters mit einer niedrigeren Absorberdicke. Die Visibilitätskarte des Gitters mit Spannungsaufrissen weist deutliche Inhomogenitäten auf (Abbildung 6.9 (b)), welche im folgenden als Artefakte bezeichnet werden. Da die Abstände der Artefakte in der Visibilitätskarte einen Abstand von etwa 200 µm besitzen, kann davon ausgegangen werden, dass diese Artefakte aus den Spannungsaufrissen resultieren. Die Artefakte beschränken sich dabei nicht nur auf die Visibilitätskarten, sondern treten auch in den Bildern für alle Kontrastmechanismen auf (Abbildungen 6.9 (c–e)). Dies hat zur Folge, dass in der Bildgebung aufgrund von Artefakten Details nicht erkannt werden können.

Die drei getesteten Gitter zeigen eine Abhängigkeit der maximalen Visibilität von den Absorberdicken. Mit zunehmender Dicke steigt die maximale Visibilität, was in Abbildung 6.10 für die getesteten Gitter anhand der Linie mit den Punktsymbolen dargestellt ist. Dieser Zusammenhang ist im Besonderen bei polychromatischen Spektren zu beachten, da mit zunehmender Absorberdicke auch die Anteile höherenergetischer Bereiche des Spektrums besser absorbiert werden. Für die Nutzung eines Interferometers ist nicht nur die maximale Visibilität entscheidend. Theoretisch kann eine hohe maximale Visibilität an nur einer lokalen Stelle des Gitters erreicht werden, während das gesamte Gitter niedrige Visibilitäten liefert. Daher muss für eine Einstufung der Qualität insbesondere auch die mittlere Visibilität betrachtet werden, da sie einen gemittelten Wert über die gesamte Fläche des Gitters darstellt. Für die getesteten Gitter ist sie in Abbildung 6.10 anhand der Linie mit den quadratischen Symbolen dargestellt. Der Verlauf der mittleren Visibilität ist für diesen Gittersatz unabhängig vom Verlauf der maximalen Visibilität, was am Absinken der Visibilität von $Gitter_2$ und $Gitter_3$ ersichtlich ist. Je näher die mittlere Visibilität eines Gitters an der maximalen Visibilität liegt, desto geringer sind die strukturellen Abweichungen der Gitter. Die Differenz der mittleren und maximalen Werte ist auf strukturelle Abweichungen zurückzuführen, womit es möglich ist durch das Verhältnis beider Visibilitäten die strukturelle Qualität eines Gitters von der Absorberdicke entkoppelt zu betrachten. Dieses Verhältnis ist in Abbildung 6.10 anhand der gestrichelten Linie für die drei getesteten Gitter dargestellt. Bei $Gitter_1$ beträgt die mittlere Visibilität 58 % der Maximalen, was auf die fehlenden Absorberstrukturen zurückzuführen ist. Bei $Gitter_2$ beträgt das Verhältnis 74 %, was die höchste Gitterqualität der Testreihe bedeutet. Die leichten Verbiegungen der Absorberlamellen mindern die Visibilität in einem akzeptablen Maß. $Gitter_3$ erreicht trotz geringster Verbiegungen der Absorberlamellen das niedrigste Visibilitätsverhältnis von 47 %, was auf die Spannungsaufrisse zurückgeführt werden kann.

Durch die Spannungsaufrisse wird lokal die Gitterperiodizität verschoben, weshalb die Gitterstrukturen nicht mehr mit dem Talbot–Muster zusammenpassen.

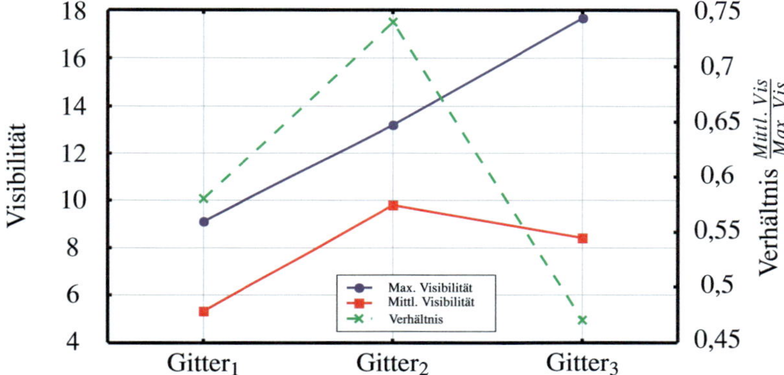

Bild 6.10.: Drei charakteristische Analysatorgitter mit ihrer mittleren– und maximalen Visibilität. Das Verhältnis aus mittlerer– und maximaler Visibilität kann dabei als Indikator für die Qualität des gesamten Gitters betrachtet werden. Gitter$_2$ weist beispielsweise ein hohes Verhältnis auf, was für eine homogene Visibilitätsverteilung über die gesamte Gitterfläche spricht.

Messungen am ID–19 Strahlrohr der ESRF

Die gefertigten Gitter konnten ebenfalls an der European Synchrotron Radiation Facility (ESRF) getestet werden. Aufgrund der hohen Kohärenz und der monochromatischen Strahlung, die der Undulator am ID–19 Strahlrohr liefert, werden hohe Visibilitäten an diesem Strahlrohr erwartet. Das für die Gittercharakterisierung genutzte Interferometer ist in Abbildung 6.11 dargestellt. Es besteht aus dem Phasengitter G_1, dem Analysatorgitter G_2 und einem Detektor mit einer effektiven Pixelgröße von 7,5 µm. Darüber hinaus ist ein Goniometer für die Rotation eines Objekts im Rahmen einer Tomografie montiert. Für die Gittertests wird das Interferometer mit einem der zu testenden Analysatorgittern ausgerichtet bis die bestmögliche Visibilität erreicht wird. Anschließend werden die Analysatorgitter variiert und die erzielten Visibilitäten können miteinander verglichen werden.

Bild 6.11.: Interferometeraufbau am ID–19 Strahlrohr der ESRF mit Goniometer für die Objektrotation, Phasengitter G_1, Analysatorgitter G_2 und Detektor.

Als Phasengitter wurden drei Nickelgitter der Periode 2,4 µm mit Tastverhältnissen von 0,5 genutzt. Für einen Phasenschub von $\frac{\pi}{2}$ beträgt die Nickeldicke für 29 keV 5,1 µm. Für 37 keV beträgt sie 6,5 µm und für 52 keV werden 9,2 µm Nickel benötigt. Als Analysatorgitter wurden die in Abbildung 6.12 dargestellten Gitter der Periode 2,4 µm für alle drei Energien getestet. Gitter$_1$ beinhaltet brückenverstäkte Absorberstrukturen der Dicke 60 µm und weist ein Tastverhältnis von 0,43 auf. Die Absorberstrukturen weisen keine Verbiegungen auf, vereinzelt treten jedoch Spannungsaufrisse auf, welche parallel zu den Absorberstrukturen verlaufen. Gitter$_2$ ist säulenverstärkt und weist somit durchgehende Absorberlamellen mit einer Absorberdicke von 70 µm und einem Tastverhältnis von 0,55 auf. Gitter$_3$ weist ein nahezu verbiegungsfreies brückenverstärktes Layout auf und besitzt eine Absorberdicke von 83 µm bei einem Tastverhältnis von 0,44. Es treten aber vermehrt Spannungsaufrisse auf. Gitter$_4$, ebenfalls brückenverstärkt, ist 86 µm dick und hat ein Tastverhältnis von 0,51. Es treten kaum Verbiegungen und Spannungsaufrisse auf. Das brückenverstärkte Gitter$_5$ der Dicke 90 µm weist keine Spannungsaufrisse auf, es treten allerdings verstärkt Verbiegungen der Absorber auf, weshalb eine Messung des Tastverhältnis nicht sinnvoll ist. Gitter$_6$ mit einer Dicke von 95 µm weist ebenso wie Gitter$_7$ der Dicke 100 µm deutliche Verbiegungen in Kombination mit spannungsinduzierten Aufrissen auf. Die Ergebnisse der Visibilitäts-

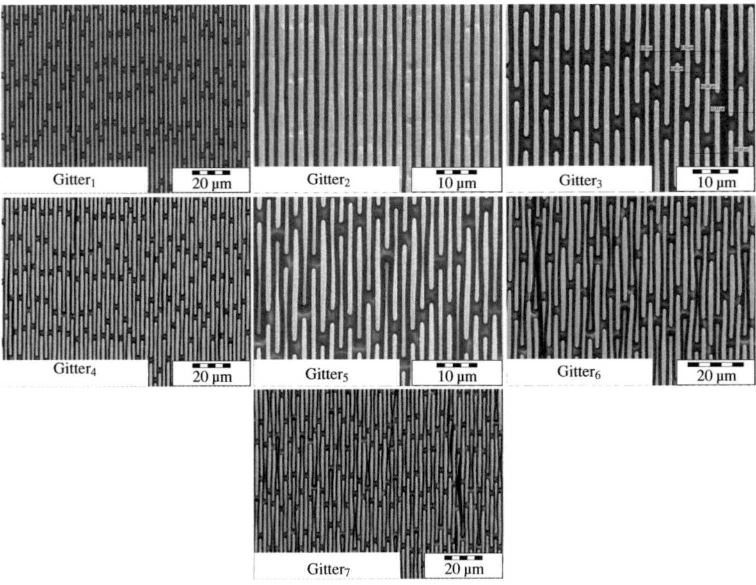

Bild 6.12.: Analysatorgitter der Periode 2,4 µm mit brücken–(Gitter$_1$ und Gitter$_3$– Gitter$_7$) und säulenverstärkten (Gitter$_2$) Absorberstrkturen.

messung unter Nutzung der verschiedenen Analysatorgitter sind in Abbildung 6.13 (a) für eine Energie von 29 keV dargestellt. Die erreichten mittleren Visibilitäten liegen mit einer Ausnahme alle in einem Bereich von 55 bis 62 %. Bei 29 keV beträgt die Resttransmission für eine 60 µm dicke Goldschicht etwa 3 %, weshalb bei allen Gittern von einer vollständigen Absorption der Strahlung ausgegangen werden kann und somit die Dicke der Gitter bei dieser Energie keinen entscheidenden Faktor für die Visibilität darstellt. Eine Ausnahme bildet Gitter$_2$, welches eine höhere mittlere Visibilität von 66 % erreicht. Dieser hohe Visibilitätswert bestätigt die Erwartungen an das säulenverstärkte Gitterlayout. Bei den brückenverstärkten Gitterstrukturen beträgt das Verhältnis von Absorberstrukturen und Verstärkungsbrücken bereits 10 %. Da unter Nutzung der säulenverstärkten Gitter durchgehende Absorberstrukturen entstehen, entfallen die durch die Brücken verursachten Unterbrechungen der Absorberlamellen und eine höhere Visibilität ist zu erwarten. Die Messergebnisse zeigen ebenfalls eine geringe Standardabweichung für das säulenverstärkte Gitter. Auch Gitter$_4$, welches vereinzelt Verbiegungen, aber kaum Spannungsaufrisse vorweist, zeigt eine geringe Standardabweichung. Trotz hoher Strukturtreue weisen Gitter$_1$ und Gitter$_3$ eine große Standardabweichung auf, was eine Folge der Spannungsaufrisse sein kann, da diese bei den beiden Gittern am stärksten ausgeprägt sind. Bei 37 keV (Abbildung 6.13 (b)) spielt die Gitterdicke bereits eine gewichtigere Rolle, da eine 60 µm dicke Goldschicht bereits eine Resttransmission von 20 % zulässt, während eine Schicht der Dicke 100 µm nur noch 6 % zulässt. Es ist zu erwarten, dass Gitter mit hohen Absorberstrukturen bessere Visibilitäten liefern. Diese Erwartung wird durch das Experiment bestätigt, da Gitter$_6$ und Gitter$_7$ eine höhere Visibilität aufweisen als die anderen Gitter mit den niedrigeren Schichtdicken. Auch bei 37 keV weist das Gitter mit den säulenverstärkten Absorberstrukturen eine deutlich höhere Visibilität als die brückenverstärkten Gitter vergleichbarer Höhe auf. Die Standardabweichung bleibt bei den Gittern ohne Spannungsaufrisse (Gitter$_2$ und Gitter$_4$) am geringsten. Der Einfluss der Gitterdicke nimmt, wie in Abbildung 6.13 (c) dargestellt, bei einer Energie von 52 keV weiter zu. Während bei einer Absorberschichtdicke von 100 µm noch 28 % Resttransmission vorliegen sind es bei einer Schichtdicke von 60 µm bereits 46 %. Die Visibilität verhält sich somit analog zu den Ergebnissen bei 37 keV, jedoch ist die Visibilität aufgrund der niedrigeren Absorption der Gitterstrukturen weiter vermindert. Die an der ESRF charaktertisierten Gitter zeigten, dass jede strukturelle Abweichung der Gitter die Visibilität vermindern kann. Zwei Stellschrauben, anhand derer die Visibilität weiterhin optimiert werden kann, sind die Gitterdicke und das Layout der Gitter. In Energiebereichen in denen die Absorberstrukturen einen hohen Anteil der Strahlung absorbieren können, zeigt eine Optimierung des Layouts bisher den größten Effekt auf die erreichbare Visibilität. In Energiebereichen, in denen die Absorption der Gitter unter 50 % liegt, wirkt sich eine Erhöhung der Gitterstrukturen stärker auf die Visibilität aus. Die Standardabweichung der Visibilität nimmt energieunabhängig mit zunehmender Anzahl von Spannungsaufrissen zu.

Messungen an HarWI

An den Strahlrohren des Helmholtz–Zentrum Geesthacht wurde am Doris III Ring ein Interferometer–Aufbau realisiert. Ein Wiggler definiert die Strahlungseigenschaften des Strahlrohrs HarWI, das für Experimente mit hohen Energien bis zu 100 keV für die Materialwissenschaften konzipiert ist. Wie an den anderen Strahlrohren auch, wurden die in Abbildung 6.14 dargestellten Analysatorgitter der Periode 2,4 µm charakterisiert. Gitter$_1$ bis Gitter$_4$ sind dabei durch statistisch verteilte Brücken verstärkt und weisen verschiedene Absorberdicken und strukturelle Qualität auf. Gitter$_5$ ist durch schräg einbelichtete Verstrebungen und Gitter$_6$ durch gleichmäßig verteilte und um eine halbe Periode versetzte Brücken verstärkt. Gitter$_1$ mit einer Absorberdicke von 60 µm weist keine Verbiegungen der Absorberstrukturen auf, vereinzelt treten lokale Spannungsaufrisse auf, die parallel zu den Absorberstrukturen verlaufen. Gitter$_2$ weist eine Absorberdicke von

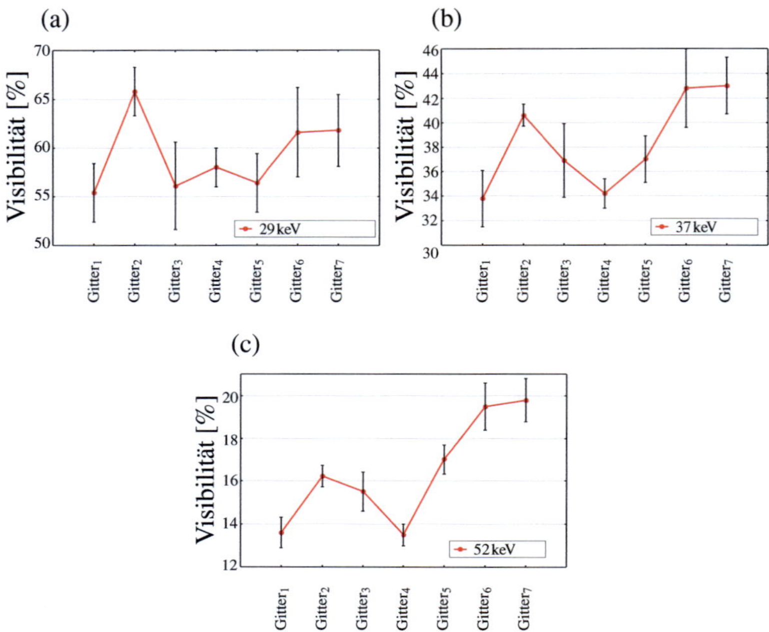

Bild 6.13.: Experimentell ermittelte Visibilitäten verschiedener Gitter bei 29 keV (a), 37 keV (b) und 52 keV (c) am ID–19 Strahlrohr der ESRF.

etwa 55 µm auf, es sind weder Verbiegungen noch Spannungsaufrisse zu erkennen. Die Besonderheit dieses Gitters ist, dass die Goldabsober mit einer Niedertemperatur Galvanik bei 30 °C abgeschieden werden [4]. Bei diesem Gitter wird keine Spannungsrissbildung beobachtet, was mit verminderten thermischen Spannungen während der Galvanik begründet werden kann. Gitter$_3$ weist eine Dicke von 95 µm auf und es treten sowohl Verbiegungen als auch Spannungsrisse auf. Gitter$_4$ hat eine Absorberdicke von 100 µm und weist Verbiegungen und umgeklappte Absorberstrukturen auf. Das mit Verstrebungen unter ± 30° verstärkte Gitter$_5$ hat eine Absoberdicke von 100 µm und nur geringe Verbiegungen der Absorberstrukturen. Das Gitter mit dem größten Aspektverhältnis ist Gitter$_6$ mit gleichmäßig versetzten Verstärkungsbrücken und einer Absorberdicke von 150 µm. Es treten keine Verbiegungen der Absorberlamellen auf, allerdings treten die

in Abbildung 6.15 (c) dargestellten willkürlich verlaufenden Spannungsaufrisse auf. Der Interferometer–Aufbau an HARWI besteht aus einem

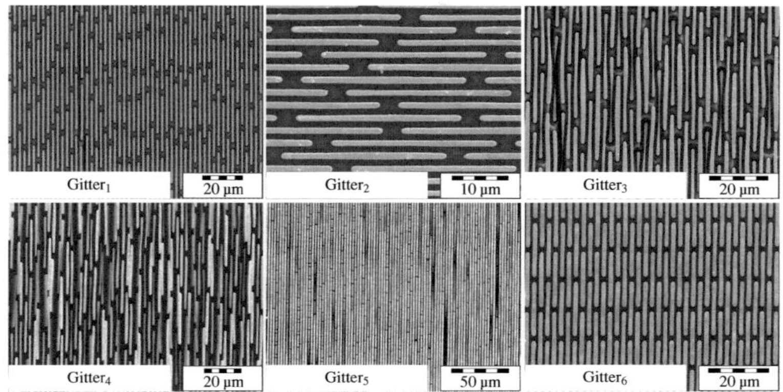

Bild 6.14.: Analysatorgitter der Periode 2,4 µm mit unterschiedlicher Qualität und
Verstärkungslayout. $Gitter_1$–$Gitter_4$ sind Gitter mit statistisch verteilten
brückenverstärkten Absorberstrukturen und weisen eine unterschiedliche Ausprägung von Defekten auf. $Gitter_5$ beeinhaltet säulenverstärkte Absorberstrukturen und $Gitter_6$ gleichmäßig angeordnete brückenverstärkte Absorberstrukturen.

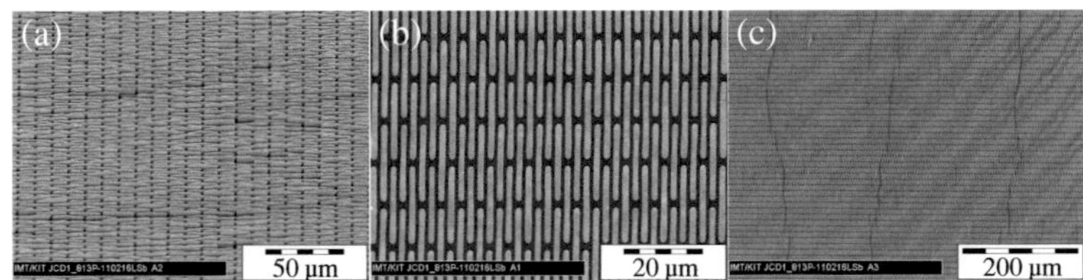

Bild 6.15.: Analysatorgitter der Periode 2,4 µm und einer Absorberdicke von
150 µm (Aspektverhältnis von 125) (a). Es treten nahezu keine Verbiegungen der Absorberstrukturen auf (b), spannungsinduzierte Aufrisse
treten hingegen auf (c).

Quellgitter der Periode 22,3 µm, einem Phasengitter der Periode 4,33 µm
bei einem Tastverhältnis von 0,57 und dem Analysatorgitter der Periode

2,4 µm. Durch eine Variation der Analysatorgitter der Periode 2,4 µm wurde ebenfalls eine Charakterisierung verschiedener Gitter durchgeführt. Bei diesem Aufbau ist der Abstand zwischen den Gittern nicht variabel. Die Energie kann von 18 keV bis 85 keV frei gewählt werden. Durch den fixen Aufbau stimmen die Talbot–Abstände nur bei charakteristischen Energien exakt, so dass nur bei diesen hohe Visibilitätswerte erreicht werden können [41]. Zur Charakterisierung unterschiedlicher Analysatorgitter der Periode 2,4 µm wurde ein Detektor mit einer effektiven Pixelgröße von 10 µm verwendet. Um die erzielten Visibilitäten nicht nur qualitativ miteinander zu vergleichen, sondern auch mit theoretisch erreichbaren Werten abzugleichen, wurden die experimentell bestimmten Visibilitäten für diesen Aufbau mit theoretisch erreichbaren Visibilitäten aus einer Wellenfeldpropagation verglichen [103]. In die Simulationen fließen die unterschiedliche Absorberhöhen und die Art und Anordnung von Verstärkungselementen der Analysatorgitter ein. Das Tastverhältnis der Gitter kann an den realen Gittern vermessen werden und in die Simulationen übertragen werden. Die Ergebnisse der Visibilitätssimulationen für Gitter unterschiedlicher Dicken sind in Abbildung 6.16 (a) für brückenverstärkte und in Abbildung 6.16 (b) für säulenverstärkte Gitter über einen Energiebereich von 18 keV bis 85 keV aufgetragen.

Bei einer Energie von 25 keV wird bei diesem Aufbau in der siebten fraktionalen Talbot–Ordnung gemessen, bei 32 keV stimmen die Abstände des Aufbaus mit der fünften fraktionalen Talbot–Ordnung überein und bei 45 keV mit der dritten Talbot–Ordnung. Bei 81 keV wird in der ersten fraktionalen Talbot–Ordnung gemessen [41]. Bis zu einer Energie von etwa 30 keV stimmen die Visibilitäten für alle simulierten Gitterdicken (60 µm, 100 µm und 140 µm) überein, da die Absorption aller Gitter ausreichend ist. Ab einer Energie von 45 keV treten dafür bereits deutliche Unterschiede in der Visibilität für die unterschiedlichen Gitterdicken auf. Die Simulationen bestätigen ebenfalls die in vorigen Strahlzeiten erhöhten Visibilitäten von säulenverstärkten Gittern (Abbildung 6.16 (b)) gegenüber den brückenver-

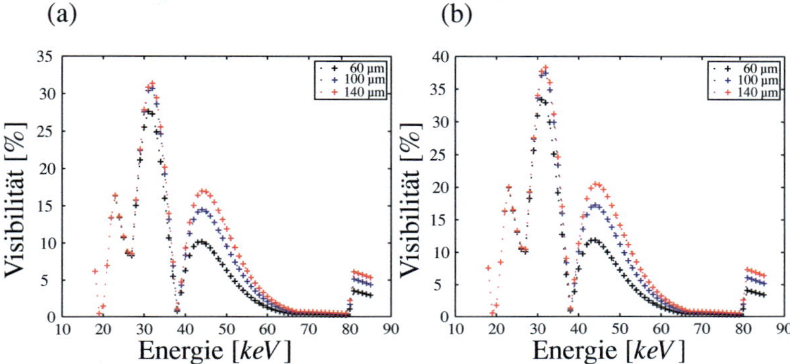

Bild 6.16.: Visibilitätssimulation für Gitter mit Verstärkungsbrücken (a) und Verstärkungssäulen (b) am DESY.

stärkten Gittern (Abbildung 6.16 (a)).

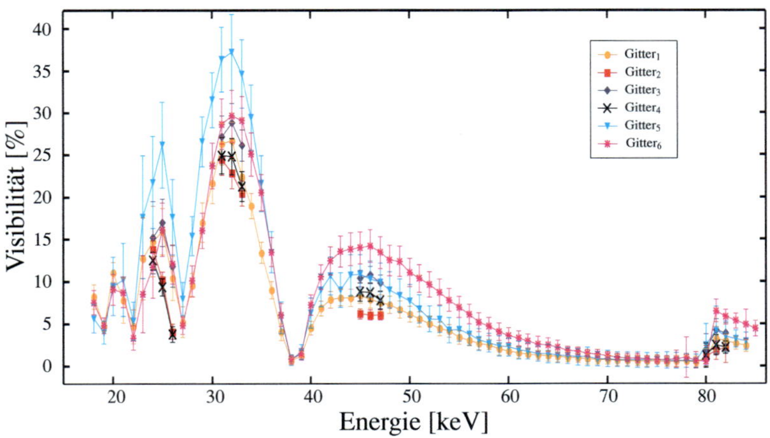

Bild 6.17.: Experimentell ermittelte Visibilität der Gitter_1–Gitter_6.

Die experimentell erzielten Visibilitäten sind in Abbildung 6.17 dargestellt. Die Visibilität über das gesamte Energiespektrum wurde nur für Gitter_1, Gitter_5 und Gitter_6 analysiert. Für die anderen Gitter wurde auf Messungen außerhalb des Bereichs der Talbot–Abstände verzichtet. Bei

Energien bis 32 keV liegen die Visibilitäten der brückenverstärkten Gitter nahe beieinander und nahe an den simulierten Werten. Die größte Differenz zwischen simulierter und experimenteller Visibilität weist Gitter$_4$ auf, welches auch die größten strukturellen Abweichungen besitzt. Trotz häufig auftretender Verbiegungen konnte mit Gitter$_3$ eine Visibilität erzielt werden, welche nahe an den simulierten Werten liegt. Das säulenverstärkte Gitter$_5$ erreicht in Messungen eine deutlich höhere Visibilität als die brückenverstärkten Gitter, was sich ebenfalls mit den simulierten Ergebnissen deckt. Bei höheren Energien nimmt der Einfluss der Gitterdicke auf die Visibilität sukzessive zu. Bei Messungen im dritten fraktionalen Talbot–Abstand und einer Energie von 45 keV zeichnen sich deutliche Unterschiede in der Visibilität der Gitter unter 100 µm und der Gitter über 100 µm ab. Gitter$_6$ liefert hohe Visibilitätswerte, was auf die hohe Absorberdicke und die hohe Strukturtreue der einzelnen Absorberstrukturen zurückzuführen ist. Geringe Verbiegungen und Spannungsaufrisse vermindern die Visibilität der Gitter.

Bei der reinen Betrachtung der erreichten Visibilitätswerte sind auch die Gitter mit den Verbiegungen in einem Interferometer nutzbar. Daher wird neben der Visibilität auch in dieser Messreihe, wie in Abbildung 6.18 exemplarisch für eine Energie von 32 keV dargestellt, die Bildgebung mit den Gittern betrachtet. Die parallel zu den Absorberstrukturen verlaufenden Aufrisse resultieren bei Gitter$_1$ in linienförmigen Artefakten entlang der Absorberstrukturen. Gitter$_2$ weist bis auf ein linienförmiges Artefakt im rechten Bildbereich kaum Artefakte auf, was beweist, dass durch die Niedertemperaturgalvanik bei 30 °C keine wesentlichen Gitterverbiegungen oder –aufrisse entstehen. Die Verbiegungen von Gitter$_3$ sind anhand einiger inhomogener Artefakte in die Bildgebung übertragen. Noch deutlicher werden die inhomogenen Artefakte für Gitter$_4$ mit den umgeklappten Lamellen.

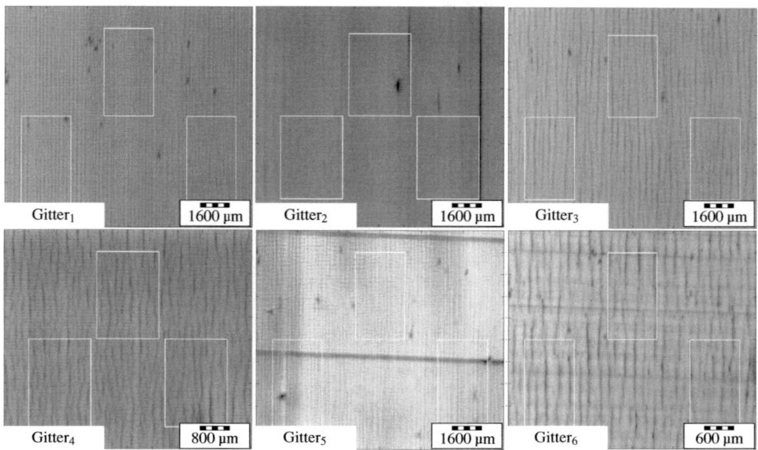

Bild 6.18.: Bildgebung unter Nutzung der in Abbildung 6.14 beschriebenen Analysatorgitter ohne Objekt im Strahl bei einer Energie von 32 keV. Die Ausprägung von Artefakten spiegelt die Qualität des Analysatorgitters wider.

Das säulenverstärkte Gitter$_5$ weist minimale homogene Linienartefakte entlang der Absorberstrukturen auf, während Gitter$_6$ mit der höchsten Visibilität ausgeprägte inhomogene Artefakte aufweist.

Zusammenfassend kann festgestellt werden, dass die Visibilität der hergestellten Gitter nahe an den simulierten Werten liegt. Dennoch treten, je nach Qualität der Gitter, Artefakte in der Bildgebung auf. Das säulenverstärkte Gitter zeigt deutliche Vorteile in der erreichbaren Visibilität und liefert bei einer Energie von 32 keV mit einer Dicke von 50 µm etwa dieselbe Visibilität wie ein brückenverstärktes Gitter der Dicke 80 µm (Abbildung 6.19). Da die Wahrscheinlichkeit von Spannungsaufrissen mit zunehmenden Gitterdicken prozesstechnisch bedingt zunimmt, kann sie mittels säulenverstärkten Gittern verringert werden. Die Strukturtreue kann durch niedrigere Absorberstrukturen, welche dennoch dieselbe Visibilität liefern, erhöht werden.

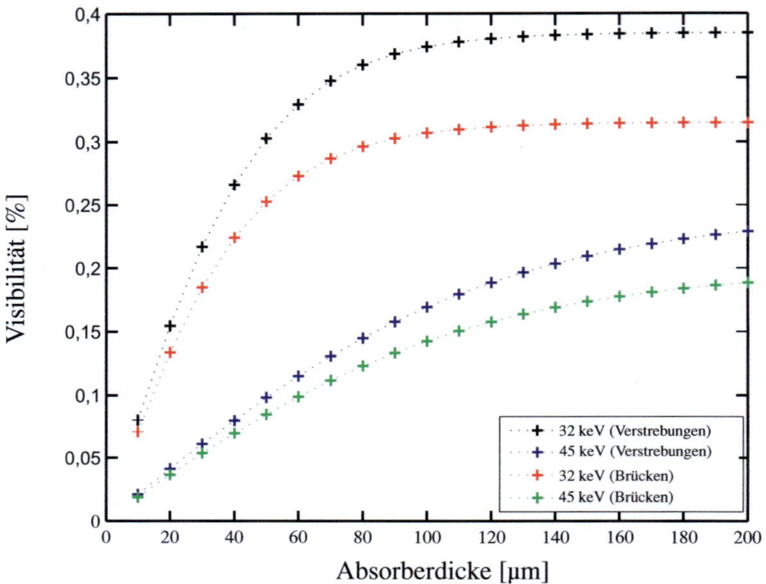

Bild 6.19.: Simulation der Visibilität in Abhängigkeit der Gitterdicke für das HAR-
WI Strahlrohr.

6.2.2. Visibilität an der Röntgenröhre

Da die von Röntgenröhren emittierte Strahlung eine niedrige transversale
Kohärenz aufweist, muss ein Dreigitteraufbau verwendet werden, um die
Kohärenzbedingungen zu erfüllen. Verschiedene Analysatorgitter wurden
an einer Röntgenröhre mit Molybdäntarget mit den Projektpartnern des
Lehrstuhls für Angewandte Biophysik (E17) der TU München charakterisiert. Als Quellgitter wird ein Analysatorgitter der Periode 2,4 µm und
einer Höhe von 40 µm verwendet. In Abbildung 6.20 (a–c) sind drei für
die Synchrotronversuche genutzte Analysatorgitter mit brückenverstärkten
und säulenverstärkten Layouts der Dicken 60 µm (Gitter$_1$), 55 µm (Gitter$_2$)
und 100 µm (Gitter$_3$) dargestellt. Bei einer Beschleunigungsspannung von
35 kV liegt das Maximum der Intensitätsverteilung bei einer Energie von
23 keV. Aufgrund der geometrischen Abmaße des Aufbaus wurde in der

146

13. fraktionalen Talbot–Ordnung gemessen, was einem Abstand von 0,33 m zwischen den Gittern entspricht. Die Visibilitäten beträgt für $Gitter_1$ 7,4 % bei einer Standardabweichung von 0,7 %. $Gitter_2$ erreicht eine Visibilität von 5,6 % und eine Standardabweichung von 1,6 %. Das unter $\pm$ 30° säulenverstärkte $Gitter_3$ erreicht die höchste Visibilität von 10,2 % bei einer Standardabweichung von 1,5 %. Speziell bei diesem Aufbau treten vermehrt X–förmige Moiré–Muster auf, die mehrere Perioden einschließen. Die Moiré–Muster der unterschiedlichen Analysatorgitter sind in Abbildung 6.20 (d–f) für die darüber abgebildeten Gitter dargestellt. Aufgrund einer kleineren Gitterfläche erscheint der Intensitätsverlauf von $Gitter_2$ geringer, wobei alle Gitter ähnlich starke X-förmige Moiré–Muster aufweisen. Die Anzahl der hell–dunkel Übergänge in den Moiré–Mustern kann dabei als Maß für die Verzüge der Gitter betrachtet werden.

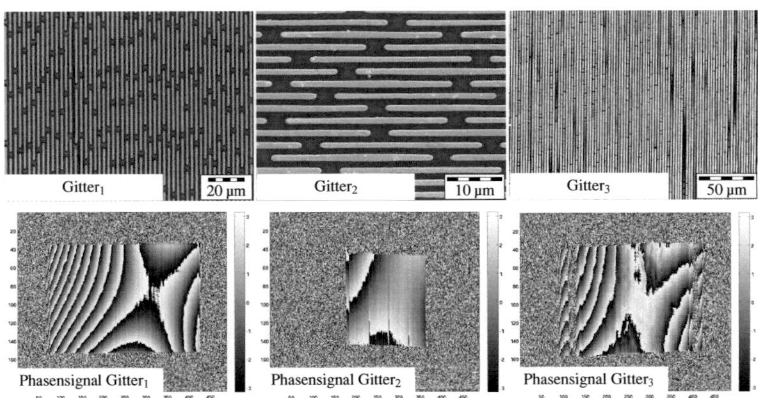

Bild 6.20.: Drei unterschiedliche Analysatorgitter und die resultierenden Phasensignale.

Weitere Messungen der Visibilität durch den Projektpartner am Erlangen Centre for Astroparticle Physics (ECAP) lieferten Visibilitätswerte von bis zu 17 % für einen Dreigitteraufbau und der Nutzung einer Siemens MEGA-LIX Röntgenröhre, welche in der medizinischen Diagnostik standardmäßig eingesetzt wird. Das Maximum der Intensitätsverteilung lag dabei bei einer Energie von 20 keV. Die dabei erreichten Visibilitäten mit den im Rahmen dieser Arbeit gefertigten Gitterstrukturen, stimmten dabei sehr genau mit den simulierten Werten überein [98].

Aufgrund der Divergenz von Röntgenquellen treten Abschattungseffekte auf, welche in der linken Spalte von Abbildung 6.21 dargestellt sind. Das ausgeleuchtete Feld hängt dabei im wesentlichen vom Abstand zur Quelle l und dem maximalen Aspektverhältnis AV_{Max} des Gitters ab [95].

$$Max.Ausleuchtung = \frac{4\,l}{AV_{Max}} \tag{6.9}$$

Somit ist für ein planares Gitter der Periode 2,4 µm mit einem Tastverhältnis von 0,5 und einer Höhe von etwa 100 µm bei einem Abstand von 1500 mm zur Quelle noch mit einem ausgeleuchteten Feld von 70 mm zu rechnen (Abbildung 6.21 (P1)). Mit abnehmender Distanz zur Quelle wird die Feldgröße minimiert. Bei einem Abstand von 215 mm zur Quelle beträgt das ausgeleuchtete Feld dann nur noch etwa 10 mm (Abbildung 6.21 (P4)).

Durch das Biegen eines Gitters kann der Minimierung des ausgeleuchteten Felds entgegengewirkt werden. Im vorliegenden Fall wurde ein Gitter der Periode 2,4 µm mit einem Tastverhältnis von 0,5 und einer Höhe von etwa 100 µm für einen Abstand zur Quelle von 215 mm gebogen. In dem Abstand für welchen der Biegeradius eingestellt wurde, ist die Ausleuchtung maximal und deutlich größer als bei planaren Gittern (Vergleiche Abbildung 6.21 (G4)). Wird dieses Gitter jedoch in davon abweichenden Abständen platziert, so ist die Ausleuchtung aufgrund ausgeprägterer Abschattungseffekte geringer als bei einem planaren Gitter, wie es in Abbildung 6.21 (G1–G3) dargestellt ist.

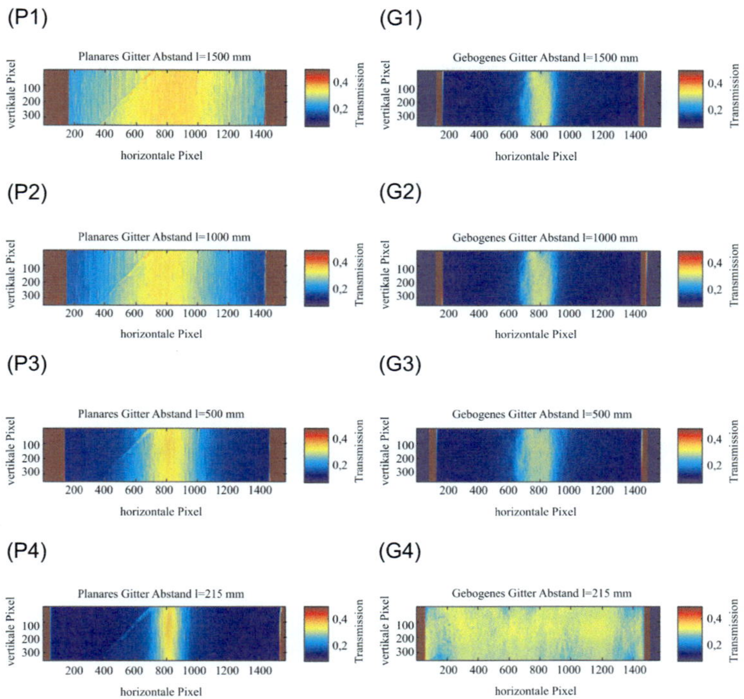

Bild 6.21.: Ausleuchtung und Visibilität eines planaren (links) und eines gebogenen (rechts) Quellgitters in Abhängigkeit des Quellabstands.

6.2.3. Anwendung gebogener Gitter für die Analyse einer Schraube

Die Abschattung des Bildfelds und der damit hervorgerufene Signalverlust in den Randbereichen unter Nutzung divergenter Quellen ist in Abbildung 6.22 für ein planares und ein gebogenes Gitter dargestellt. Bei der Untersuchung einer Kunststoffschraube von den Kooperationspartnern am Paul Scherrer Institut (PSI) in Villigen (Schweiz) [95] unter Nutzung ebener Gitter, werden die Randbereiche durch Gitter mit hohen Aspektverhältnissen abgeschattet und es werden keine Signale mehr am Detektor gemessen

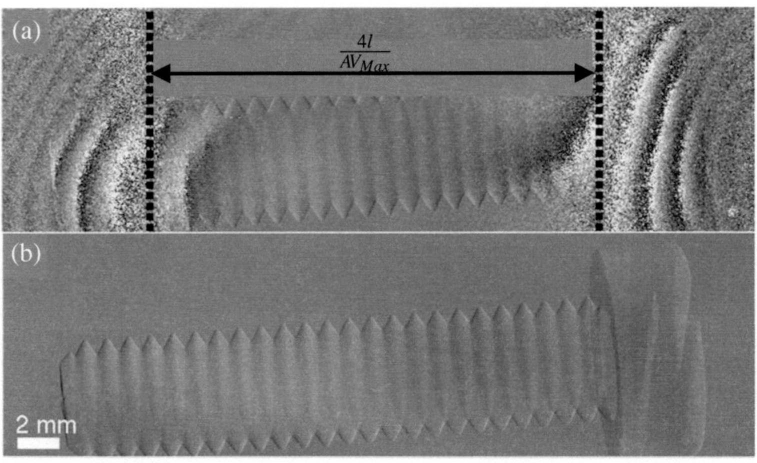

Bild 6.22.: Phasenkontrast Radiografie einer Kunststoffschraube mittels einer Röntgenröhre und ebenen Gittern (a) und gebogenen Gittern (b) [95].

(Abbildung 6.22 (a)). Der Vergleich mit demselben Aufbau, allerdings unter Nutzung eines gebogenen Gittersets zeigt eine deutliche Minimierung der Abschattung in den Randbereichen (Abbildung 6.22 (b)). Für die Untersuchung der Schraube wird ein Phasengitter der Periode 4,12 µm und ein gebogenes Analysatorgitter der Periode 2,4 µm und einer Höhe von 60 µm verwendet. Das Phasengitter ist für eine Energie von 28 keV ausgelegt und die effektive Pixelgröße des Detektors beträgt 36 µm. Durch die Nutzung der gebogenen Gitter kann das Bildfeld, wie in Abbildung 6.22 dargestellt verdoppelt werden [95].

6.2.4. Moiré–Muster in den Bildern

Unter Nutzung von Phasengittern und Analysatorgittern, welche beide mittels LIGA gefertigt wurden fällt auf, dass Moiré–Muster entstehen können, welche zusätzlich zu der Verkippung auch von der Orientierung der Gitter im Strahl abhängen. Bei gleicher Orientierung beider Gitter sind die Gitter derart angeordnet, dass die jeweilige Unterkante der Gitter auch der Unterkante der Maske entspricht. Bei einer Drehung um 180° entlang der Strahlachse überlagert sich die Oberkante des einen Gitters mit der Unterkante des anderen. Die beobachteten Moiré–Muster sind in Abbildung 6.23 unter Nutzung eines exemplarischen Gittersatzes dargestellt. Anhand der Farbkodierung ist bei einer Aufnahme ohne Objekt ein hell–dunkel Übergang von mehr als einer Periode für beide Bilder dargestellt. Diese Art von Muster erweist sich als nachteilig für die Bildgebung, da runde Moiré–Muster nicht durch Justieren der Gitter zueinander entfernt werden können.

(a) (b)

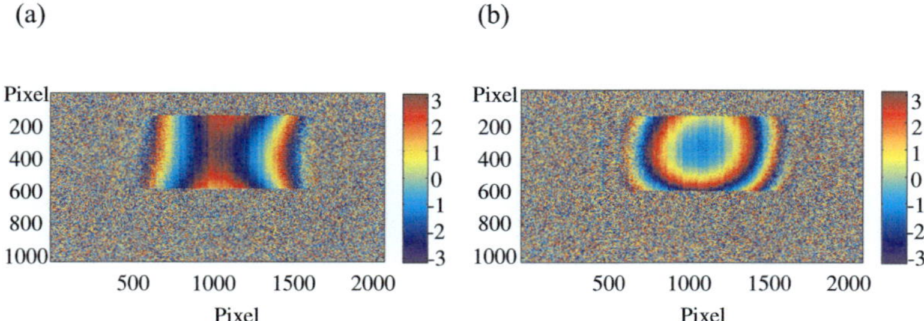

Bild 6.23.: Moiré–Muster bei gleicher Orientierung der Gitter (a) und einer Drehung 180 ° (b).

Die Entstehung von Moiré–Mustern, welche nicht linienförmig sind und bei der Justierung entfernt werden können, deutet auf eine lokale Veränderung der Periodizität hin. Da dies bei der Kombination von zwei Gittern beobachtet wurde, welche mittels LIGA gefertigt wurden, sind Verzüge auf der Maske ein möglicher Grund für die Muster. Bei der Herstellung der Maske werden die Strukturen auf einer Titanmembran vom Trägersubstrat abgehoben [58]. Dieser Abhebeprozess kann mechanische Spannungen auf die Maske ausüben, welche zu Verzügen führen. Durch die Überlagerung von zwei Linienmustern kann nachvollzogen werden, inwiefern sich die Form der Linienstrukturen verändern muss, damit die im Experiment beobachteten Moiré–Muster entstehen. Ähnliche Muster entstehen bei einer Überlagerung eines Linienmusters mit fassförmigem Verzug, wie in Abbildung 6.24 (a) dargestellt, mit einem Linienmuster ohne Verzug. Wenn das Linienmuster mit fassförmigem Verzug von einem Linienmuster mit minimalen Periodenvariationen überlagert wird, entstehen für eine Verringerung der Periode die in Abbildung 6.24 (b) und für eine Vergrößerung der Periode die in Abbildung 6.24 (c) dargestellten Moiré–Muster. Anhand dieser Methodik kann abgeschätzt werden, inwiefern sich die Gitterperiodizität verändern muss, um derartige Muster zu erhalten.

(a) (b) (c)

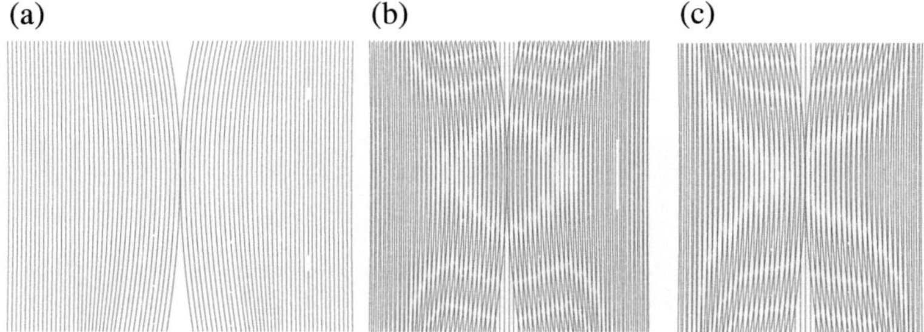

Bild 6.24.: Modell zur Herleitung der Moiré–Muster in der Bildgebung.

7. Anwendungen

Die Qualität der hergestellten Gitter beeinflusst essentiell die Bildqualität der gitterbasierten Phasenkontrast Bildgebung. Im Rahmen dieser Arbeit werden zwei wichtige Anwendungsbereiche adressiert. Die biomedizinische und die materialwissenschaftliche Bildgebung, welche unterschiedliche Anforderungen an die Gitterherstellung stellen. Ziel dieses Kapitels ist es aufzuzeigen, wie beide Anwendungsbereiche von den Gitterentwicklungen dieser Arbeit profitieren. Daher werden im Folgenden Bilder vorgestellt, welche von den Kooperationspartnern in der Anwendung erzeugt worden sind. Die Erzeugung der Bilder ist allerdings erst durch den Einsatz der im Rahmen dieser Arbeit hergestellten Gitter möglich.

7.1. Biologie und Medizin

Eine biomedizinische Anwendung, in der die Phasenkontrast Bildgebung Vorteile gegenüber der herkömmlichen Absorptionskontrast Bildgebung verspricht, ist die Differenzierung von unterschiedlichem Weichgewebe. Der Absorptionskontrast dieser Gewebearten ist aufgrund der nahezu identischen Absorptionskoeffizienten niedrig und der Phasenkontrast verspricht aufgrund deutlicher Unterschiede in der Phasenverschiebung Vorteile in der Gewebeanalyse.

7.1.1. Präklinische Weichgewebsanalyse einer Maus

Bevor eine Methode in einer klinischen Anwendung erprobt werden kann, müssen präklinische Analysen an Tiermodellen durchgeführt werden. Erst wenn die neue Methode ihre Eignung an den Tiermodellen bewiesen hat, kann der Schritt in die klinische Erprobung erfolgen. Häufig werden Mäuse als Tiermodell genutzt. Um das Gewebe einer Leber zu analysieren, wurde die Leber einer Maus am ID–19 Strahlrohr an der ESRF untersucht. Die Maus wurde ex-vivo[1] in Formalin fixiert und unter Nutzung der im Rahmen dieser Arbeit gefertigten Gitter untersucht. Diese Analyse wurde am Synchrotron durchgeführt, um aufgrund der Kohärenz der Quelle den bestmöglichen Kontrast zu demonstrieren. Darüber hinaus genügt aufgrund der hohen transversalen Kohärenz ein Zweigitteraufbau, was die Justierung vereinfacht und einen höheren Photonenfluss erlaubt, da zwei Gitter im Strahl weniger absorbieren als drei Gitter. Dieser höhere Fluss erlaubt eine bessere Statistik und somit geringeres Rauschen in den Bildern. Bei einer Energie von 35 keV und einer Detektorpixelgröße von 30 µm wurden die in Abbildung 7.1 dargestellten Schnittbilder der Maus erzeugt. Erste gitterbasierte Untersuchungen am Synchrotron bestätigen einen Informationsgewinn durch die Erzeugung des Phasenkontrasts und des Absorptionskontrasts für präklinische Modelle [41, 87]. Die Qualität der hergestellten Gitter ist hoch genug, um wie in Abbildung 7.1 dargestellt, einen Mehrwert in der Bildgebung zu liefern somit die Nutzung beider Kontrastmechanismen zu ermöglichen. Rippen und Wirbelsäule lassen sich aufgrund ihres Absorptionskoeffizienten sowohl im Absorptionskontrast (Abbildung 7.1 (a)) als auch im Phasenkontrast (Abbildung 7.1 (b)) eindeutig vom Weichgewebe unterscheiden. Unterschiede im Weichgewebe sind jedoch unter Anwendung des Phasenkontrast, wie in Abbildung 7.1 (b) dargestellt, leichter zu differenzieren. Eine Einblutung in der Leber ist mittels Absorptionskontrast (Abbildung 7.1 (a)) kaum zu erkennen, während der Phasenkontrast (Abbildung 7.1 (b)) die Gewebeveränderung deutlich sichtbar macht [87].

---

[1]lateinisch für außerhalb des Lebendigen.

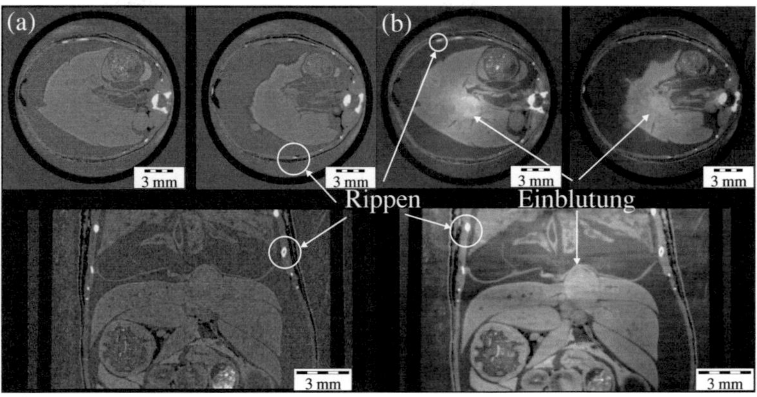

Bild 7.1.: Schnittbilder einer Maus im Absorptionskontrast (a) und differentiellen Phasenkontrast (b) [87].

7.1.2. Analyse von Arterien

Im Bereich der humanen Weichgewebsanalyse ist die Ausbildung von Arteriosklerose, einem Verschluss der Schlagadern, von großem Interesse. So beginnt eine Arteriosklerose zunächst mit einer Gewebeveränderung, der so genannten Bildung von „Plaque–" oder Kalzifizierung, welche zu einer Verdickung der Gefäßwand und in einem finalen Stadium zu einem Verschluss führt. Unter Nutzung des Absorptionskontrasts in Verbindung mit Kontrastmitteln können Arterien heute zwar in-vivo[2] untersucht werden, doch wird das Kontrastmittel im Blut detektiert und nicht die Gefäßwand. Um den Mechanismus eines Gefäßverschlusses zu analysieren und zu verstehen wird eine Methode benötigt, um die Gefäßwandverdickung durch Plaque hochauflösend und dreidimensional darzustellen. Für eine hochauflösende Analyse der Strukturen einer Gefäßwand mit Röntgenstrahlen eignet sich die Nutzung eines Synchrotrons aufgrund seiner hohen Kohärenz. Die ex-vivo Analyse wurde an einer Arterie, die in Formalin fixiert ist durchgeführt. Die Analyse in Formalin ist notwendig, da

---

[2]lateinisch für innerhalb des Lebendigen.

sich die Struktur der Arterien durch ein Trocknen verändert und nicht mehr mit Arterien in-vivo vergleichbar ist. Anhand der in Abbildung 7.2 (a) für den Absorptionskontrast und in Abbildung 7.2 (b) für den Phasenkontrast dargestellten Schnittbilder ist bereits ein deutlicher Unterschied bezüglich der Darstellung der Gefäßwand ersichtlich. Beide Aufnahmen wurden mittels Talbot–Interferometer am Synchrotron (ID–19, ESRF) bei einer Energie von 23 keV und einer Detektorpixelgröße von 5 µm erhalten. Während mittels Absorptionskontrast nur Konturen der in Formalin fixierten Arterie erkannt werden können, ist es durch den gitterbasierten Phasenkontrast möglich einen Gewinn an Informationen bei der Untersuchung der Arterien zu erzielen. Somit besteht die Möglichkeit eine Gewebeverdickung genauer zu untersuchen [42]. Eine dreidimensionale Rekonstruktion der Schnittbil-

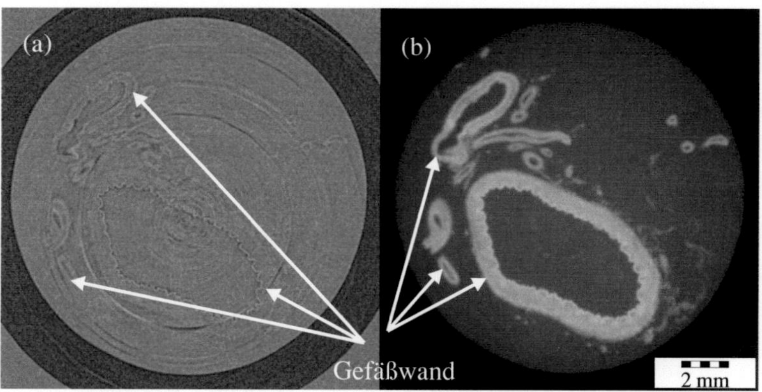

Bild 7.2.: Schnitt durch eine Arterie im Absorptionskontrast (a) und differentiellen Phasenkontrast (b) [42].

der der Arterie ist in Abbildung 7.3 dargestellt. Das Tomogramm erlaubt einen ganzheitlichen Eindruck der Arterie im gitterbasierten Phasenkontrast. Die Wandstärke der Arterien kann eindeutig identifiziert werden und eventuelle Änderungen der Gefäßwand können untersucht werden.

Auch wenn im vorliegenden Fall eine gesunde Arterie untersucht wurde, versprechen die Ergebnisse einen Fortschritt in der Untersuchung von Kalzifizierungen und weitergehende Erkenntnisse zu Arteriosklerose.

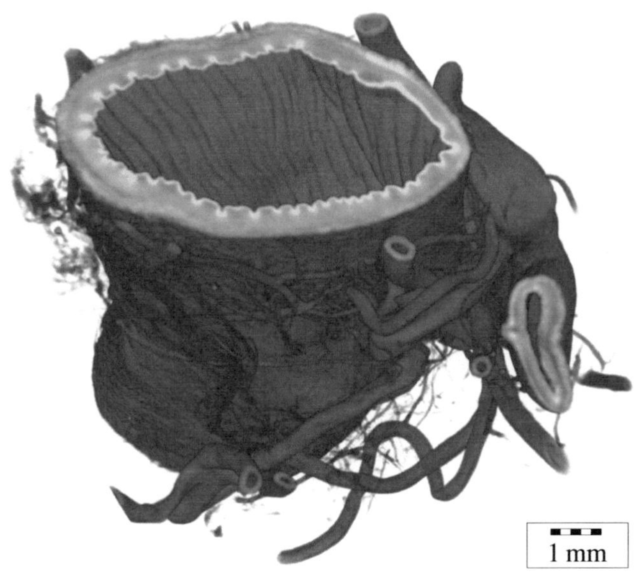

Bild 7.3.: Rekonstruktion der Aufnahme einer gesunden Arterie mittels Phasenkontrast [42].

7.1.3. Bildgebung von Brustgewebe

Die im Rahmen dieser Arbeit hergestellten Gitter können prinzipiell für zahlreiche Untersuchungen genutzt werden. Ein besonders vielversprechendes Einsatzgebiet liegt allerdings auf der Untersuchung von Brustgewebe, weshalb viele Gitter für den Energiebereich dieser Anwendung ausgelegt wurden. Bei der Bildgebung von Brustgewebe gilt es Karzinome möglichst früh zu erkennen, um die Heilungschancen des Patienten zu erhöhen. Im vorliegenden Beispiel wurde von den Projektpartnern des

Lehrstuhls für Angewandte Biophysik (E17) der TU München die amputierte Brust einer 65 jährigen Frau am ID–19 Strahlrohr an der ESRF untersucht. Ein mittels Talbot–Interferometer erzeugtes Tomogramm ohne Nutzung von Kontrastmittel ist in Abbildung 7.4 dargestellt. Die hellen Linien und Bereiche stellen das Drüsenstützgewebe der Brust dar, während die dunklen Bereiche das Fettgewebe der Brust sind. Im markierten Bildbereich befindet sich im Drüsenstützgewebe ein invasives Duktalkarzinom[3]. Abbildung 7.4 (a) stellt einen saggitalen[4] Schnitt durch das Brustgewebe im Absorptionskontrast dar, wobei das Karzinom nicht vom Drüsenstützgewebe zu unterscheiden ist. Abbildung 7.4 (b) illustriert die selbe Brust im gitterbasierten Phasenkontrast. Hier scheint der Kontrast zwischen dem Karzinom und dem Drüsenstützgewebe deutlich größer zu sein. Wahrscheinlich ist das Karzinom im Absorptionskontrast aufgrund sehr ähnlicher Absorptionskoeffizienten nicht vom Drüsenstützgewebe zu unterscheiden, während der gitterbasierte Phasenkontrast das Karzinom sichtbar macht. In den angeführten Bildern der Brust handelt es sich um erste vielversprechende Analysen. Um statistisch signifikante Aussagen treffen zu können, muss jedoch noch weiteres Brustgwebe untersucht werden.

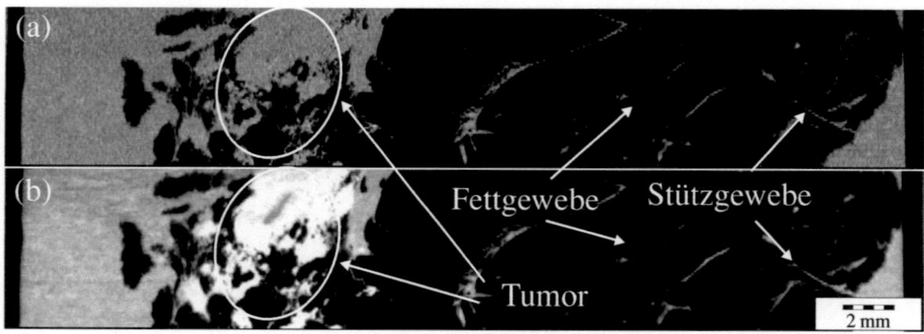

Bild 7.4.: Gitterbasierte Bildgebung einer weiblichen Brust am Synchrotron im Absorptionskontrast (a) und Phasenkontrast (b) [42].

---

[3]Ein invasives Duktalkarzinom ist ein bösartiges Karzinom, welches sich in den Milchgängen der Brustdrüse befindet.

[4]Ein Schnitt durch die saggitale Ebene bezeichnet einen Schnitt von vorne nach hinten (von der Brust zum Rücken) durch den menschlichen Körper.

7.2. Materialanalyse

Neben der biomedizinischen Bildgebung ist auch die materialwissenschaftliche Analyse von Materialien von besonderem Interesse. Die gitterbasierte Phasenkontrast Bildgebung verspricht in einigen Anwendungsfällen Vorteile gegenüber den herkömmlichen auf dem Absorptionskontrast basierten Methoden. Aufgrund der höheren Dichte der im materialwissenschaftlichen Bereich untersuchten Objekte verlangt die Analyse häufig höhere Energien, um die Objekte zu durchleuchten. Diese höheren Energien resultieren in größeren Anforderungen an das Aspektverhältnis der Gitter. Da die bisher verfügbaren Gitter bezüglich ihrer Aspektverhältnisse auf einen Wert von etwa 30 limitiert sind, bieten die im Rahmen dieser Arbeit hergestellten Gitter zum ersten Mal das Potential auch bei Energien über 30 keV materialwissenschaftliche Analysen mittels Phasenkontrast Bildgebung durchzuführen.

7.2.1. Analyse von Schweißnähten in der Luftfahrt

Im Bereich der Materialanalyse zeigt die Phasenkontrast–Radiografie Vorteile in der Analyse von Verbundmaterialien oder Materialeinschlüssen mit ähnlichen Absorptionskoeffizienten. Vorteile bietet die Phasenkontrast–Radiografie auch im Bereich von Materialien mit niederer Kernladungszahl [8]. Hier kann der Phasenschub besonders sensitiv gemessen werden. In Bezug auf die Sicherheit im Luftverkehr sind regelmäßige Untersuchungen der tragenden Bauteile an Flugzeugen notwendig. Ein interessanter Bereich ist die Rissausbildung an Aluminium Laserschweißnähten [43]. Während des Laserschweißens wird das Material lokal aufgeschmolzen und die Materialcharakteristik in diesem Bereich verändert. So kann es zu Lufteinschlüssen und einer daraus folgenden Porösität der Schweißnaht kommen, welche in Abbildung 7.5 dargestellt ist. Diese Lufteinschlüsse sind im Absorptionskontrast sowohl für eine Magnesiumschweißnaht (Abbildung 7.5 (a)) als auch für die Aluminiumschweißnaht (Abbildung 7.5 (d))

nur schwer zu erkennen und geschweißte und ungeschweißte Bereiche sind
nur schwer zu unterscheiden. Während des Schweißens entstehen Lufteinschlüsse, welche wie Streuzentren agieren. Deshalb verstärken sich das
Phasen– und Dunkelfeldsignal beider Materialien (Abbildung 7.5 (b–c und
e–f)) im Bereich der Schweißnaht. Die Analyse der Schweißnähte wurde von den Projektpartnern des Helmholtz–Zentrum Geesthacht am W2
Strahlrohr (HARWI II der GKSS bei einer Energie von 30 keV in der 5.
Talbot–Ordnung durchgeführt [43].

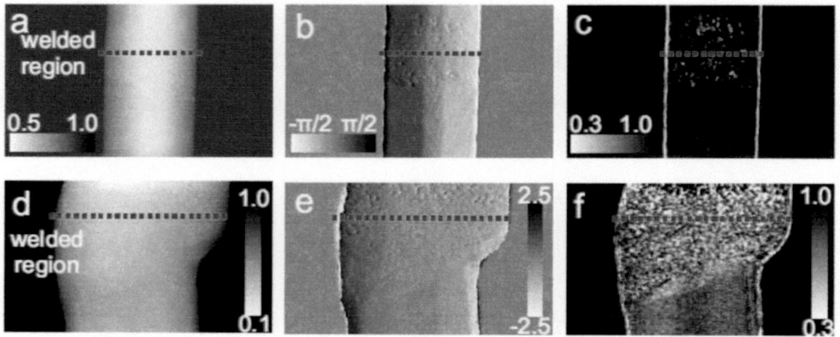

Bild 7.5.: Radiografie in Absorptions–, Phasen– und Dunkelfeldkontrast einer Ma-
gnesium Schweißnaht (a–c) und einer Aluminium Schweißnaht (d–f), wie
sie beispielsweise in der Luftfahrt verwendet wird [43].

8. Zusammenfassung und Ausblick

8.1. Zusammenfassung

Im Rahmen dieser Arbeit wurde ein Prozess entwickelt, welcher eine reproduzierbare Herstellung von Gittersätzen für die Phasenkontrast Bildgebung mit einem Talbot–Interferometer erlaubt. Der Prozess nutzt die Röntgenlithographie mit Synchrotronstrahlung und anschließende Galvanik und erlaubt erstmals die Realisierung von Gitterstrukturen mit Aspektverhältnissen von bis zu 100. Dies eröffnet der Phasenkontrastbildgebung auch Einsatzmöglichkeiten für mittlere Energien bis 40 keV, was besonders für die Mammographie interessant ist.

Die Gittersätze umfassen sowohl Phasengitter als auch Analysatorgitter mit einer Periodizität von 2,4 µm. Bei den Phasengittern liegt die Herausforderung in einer homogenen Dicke der phasenverschiebenden Strukturen, welche in Nickel durch galvanische Abscheidung in einer Polymermatrix hergestellt werden. Durch Layoutmodifikationen und Optimierung der Galvanikstartschicht ist es gelungen, die Toleranz in der Gitterhöhe, die von der Stromausbeute, dem Galvanikstart und der Stromdichteverteilung bestimmt wird, auf unter 10 % zu reduzieren. Dies ist im Falle des Einsatzes an einer Röntgenröhre ausreichend, da dort die Bandbreite der Photonenenergie eher größer ist. Sollte für monochromatische Anwendungen eine kleinere Toleranz gefordert werden, so kann diese ggf. durch das Aufzeichnen und Auswerten des Strom–Spannungsverlauf während der Galvanik und eine daraus abgeleitete optimierte Kontrolle der Abscheidedauer weiter reduziert werden.

Bei den Analysatorgittern liegt die Herausforderung in der verzugs– und rißarmen Herstellung der Gitterstrukturen um Aspektverhältnisse von 100 bei einer Gitterperiode von 2,4 µm zu erzielen. Entscheidende Fortschritte konnten durch die Verwendung des neuen auf Epoxidharz basierenden Fotolack MR–X erzielt werden. Er weißt einen deutlich höheren Kontrast gegenüber dem Standard SU–8 Fotolack auf, so dass auch bei höheren Strukturen die Bestrahlungsparameter so gewählt werden können, dass die Vernetzung im bestrahlten Bereich hoch genug ist und andererseits im unbestrahlten Bereich noch keine nennenswerte Vernetzungsreaktionen einsetzen. Allerdings kommt auch dem Design und der Art der Verstrebung der einzelnen Lacklammellen eine entscheidende Bedeutung zu. Senkrecht zu den Lamellen verlaufende Brücken sollten bei einer Periode von 2,4 µm und einem gewünschten Aspektverhältnis einen Abstand von 20 µm bis maximal 30 µm haben. Die Brückenbreite kann dagegen nur 1 µm oder 2 µm betragen. Eine regelmäßige Verteilung der Brücken ist günstiger bzgl. Lamellenverbiegung als eine statistische Verteilung wie sie zunächst angestrebt wurde, um jegliche periodische Struktur zu den Gitterlamellen zu vermeiden. Mit den Brücken sinkt zwar die Visibilität, da die Brücken aber weniger als 10 % der Gesamtfläche einnehmen ist dies tolerierbar. Vermieden werden kann diese lokale Abnahme des Visibilität durch das erstmals in dieser Arbeit entwickelte Konzept der Diagonalverstrebung der Gitterlamellen (Verstärkungsstreben). In diesem Fall wird die Goldhöhe nur um die Dicke der Verstärkungssäulen, die im Bereich von 3 µm liegt, reduziert. Damit wird die Transmission bei einer Höhe von 120 µm durch Löcher in Gold als Folge der Verstärkungsstreben nur unerheblich erhöht. Die Diagonalverstrebung hat außerdem den Vorteil, dass Verzüge der Gitterlamellen weiter reduziert werden können. Damit stellt dieses Design die optimale Möglichkeit dar, um geometrietreue Gitterstrukturen, die eine homogene Visibilität zur Folge haben, herzustellen.

Als kritische Größe bei der Gitterherstellung erwies sich der Vernetzungsgrad des Fotolacks. Aufgrund des Schwundes bei der Polymerisation kommt es bei entsprechend hohem Vernetzungsgrad zu Aufrissen der Gittermatrix. Andererseits muss der Vernetzungsgrad aber einen gewissen Wert haben, damit die Lamellen eine hohe mechanische Stabilität aufweisen. Es erwies sich eine Bestrahlungsdosis am Grund der Lamellen von etwa 100–120 $\frac{J}{cm^3}$ als ideal. Das Verhältnis der Dosis an der Oberfläche und in der Tiefe betrug ungefähr 5, was eine deutlich höhere Vernetzung an der Oberfläche bedeutet. Ob dies der Grund ist, dass die Gitterstrukturen nicht vollständig ohne Aufrisse hergestellt werden konnten, konnte im Rahmen der Arbeit nicht nachgewiesen werden. Gerade was das Dosisverhältnis betrifft besteht noch Optimierungspotential. Außerdem wäre es wünschenswert, den Schwund des Lacks während der Polymerisation zu reduzieren. In diesem Fall würden sich weniger Spannungen im Fotolack aufbauen und die Rissanfälligkeit könnte deutlich reduziert werden.

Trotz der im Rahmen der Arbeit erreichten hohen Qualität der Gitter, sind ebene Gitter mit großem Aspektverhältnis an Röntgenröhren nur unter in Kaufnahme eines kleinen Field of View[1] einsetzbar. In der Mammographie werden allerdings Field of Views von 20 cm x 20 cm benötigt. Dies erfordert aufgrund der hohen Aspektverhältnisse die Verwendung von gebogenen Gittern. Im Rahmen der Arbeit wurde deshalb der für ebene Gitter erarbeitete Prozess auf biegbare 50 µm dicke Titanfolien übertragen. Es konnte gezeigt werden, dass damit sogar Gitterinterferometer kleinster Baugröße realisiert werden können [95]. Zum heutigen Zeitpunkt ist dieser Prozess die einzige Möglichkeit, um gebogene Gitter mit dieser Periodizität und den hohen Aspektverhältnissen zu fertigen.

Die Leistungsfähigkeit der gefertigten Gitter wurde mit diversen Methoden überprüft. Während gängige optische Methoden, wie die Mikroskopie, nur lokal begrenzte Analysen erlaubt, ermöglicht das Kartieren der Visibilität und die Bildgebung mit einem interferometerischen Aufbau die Leistungsfähigkeit der Gittersätze zu überprüfen.

---

[1]Größe des am Detektor ausgeleuchteten Bereichs

Die Visibilität der Gittersätze konnte mit den hergestellten Gittern im Vergleich zu den bisher verfügbaren Gittern deutlich gesteigert werden. Beispielsweise wurde mit dem monochromatischen Strahl am Synchrotron für einen Zweigitteraufbau (ESRF, ID19) bei einer Energie von 19 keV eine Visibilität von über 90 % erreicht. Für 52 keV betrug die mittlere Visibilität immer noch 20 %. Für Dreigitteraufbauten an Röhren mit mehr oder weniger weißem Strahl[2] konnte für 20 keV immer noch eine Visibilität von 17 % demonstriert werden [98].

Die höhere Visibilität macht sich natürlich auch in einer besseren Bildqualität und einem besseren Kontrast bemerkbar. Allerdings zeigte es sich, dass zu starke spannungsbedingte Aufrisse der Gittermatrix für eine gute Bildqualität schädlich sind. Alles in Allem konnte mit den in dieser Arbeit hergestellten Gitter Phasenkontrastaufbauten für niedere Energien (bis 28 keV) realisiert werden, die eine ausgezeichnete Bildqualität liefern. Darüber hinaus konnten mit den Gitterstrukturen mit hohem Aspektverhältnis auch Phasenkontrastaufbauten bei Energien oberhalb von 30 keV, realisiert und erstmals gute Bildqualität demonstriert werden.

---

[2]Polychromatisches Spektrum

8.2. Ausblick

Mit den in dieser Arbeit realisierten Gittern wurde ein deutlicher Fortschritt in der Phasenkontrasttomographie demonstriert, um die Technik routinemäßig einsetzen zu können. Damit die Anwendung in der medizinischen Diagnostik greifbarer wird, sind jedoch noch einige Anstrengungen notwendig. Die gefertigten Gitter wurden auf einer Standard LIGA–Fläche von 20 mm x 60 mm und einer leicht vergrößerten strukturierten Fläche von 50 mm x 50 mm gefertigt. Diese Gitterflächen sind für Laboraufbauten und Grundlagenuntersuchungen ausreichend. Für eine Implementierung in eine röntgenoptische Standardmethode, beispielsweise der Mammografie, werden jedoch deutlich größere Gitterflächen benötigt, um eine Analyse der gesamten Brust zu ermöglichen. Da die Substratgröße, die mit den vorhandenen LIGA–Scannern belichtet werden können anlagentechnisch limitiert ist, muss in Folgearbeiten überprüft werden, wie die Fläche vergrößert werden kann. Ein vielversprechender Ansatz ist die so genannte Kachelung der Gitter wobei Gitterstrukturen kleiner Fläche von beispielsweise 50 mm x 50 mm aneinandergereiht werden sollen. Die wichtigsten Fragestellungen sind dabei die Justierung und die winkeltreue Ausrichtung der Kacheln zueinander.

Neben der Vergrößerung der Flächen rückt im Besonderen bei der Nutzung von Röntgenröhren die Fertigung von gebogenen Gittern in den Vordergrund. Eine weitere Optimierung des Prozesses hinsichtlich einer Reduzierung auftretender struktureller Abweichungen und der Haftung auf den biegbaren Titanfolien ist notwendig, um Gitterstrukturen mit akzeptabler Ausbeute herstellen zu können. Auch Hinsichtlich der Gitterqualität ebener Gitter kann der Herstellungsprozess weiter optimiert werden. Versuche zur Gefriertrocknung der Gitterstrukturen zeigten erste positive Ergebnisse im Hinblick auf die Reduzierung der Verbiegung der Gitterlamellen während des Entwicklungs-und Trocknungsprozesses [56].

Eine weitere Optimierung des MR–X Lacks hinsichtlich dem Ausgleich von thermischen Spannungen und Spannungen aufgrund des Vernetzungs-schrumpfes sollte weiter verfolgt werden. Durch eine Optimierung können die strukturellen Abweichungen der Gitter weiter minimiert und auch die fertigbare Höhe der Analysatorgitter weiter erhöht werden. Dies ist im Besonderen für Anwendungen in den Materialwissenschaften, unter Nutzung von Energien über 80 keV nötig. Um mehrere hundert Mikrometer dicke Fotolackschichten zu strukturieren ist es allerdings notwendig härtere Strahlung einzusetzen. Dies erfordert einerseits die Anpassung des Bestrahlungsprozesses aber auch die Verwendung alternativer Maskentechnologien.

Um den Einsatz der Gitter weiter zu optimieren wird es notwendig sein, unterschiedliche Verzüge in den verschiedenen Gittern zu vermeiden. Dazu müssen zunächst die Gitterverzüge sowohl theoretisch als auch experimentell analysiert werden. Hierzu wäre ein entsprechendes Simulationstool, welches anhand der Form und Ausprägung der Moiré–Muster, vorliegende Verzüge im Gitter berechnen kann, sehr hilfreich.

A. Tabelle Phasenschub

Energie [keV]	Nickel π	Nickel $\frac{\pi}{2}$	Gold π	Gold $\frac{\pi}{2}$	SU8 π	SU8 $\frac{\pi}{2}$	MR-1 π	MR-1 $\frac{\pi}{2}$
5	1,81	0,90	1,02	0,51	11,88	5,94	12,54	6,27
6	2,20	1,10	1,22	0,61	14,27	7,13	15,05	7,52
7	2,61	1,31	1,42	0,71	16,66	8,33	17,57	8,79
8	3,14	1,57	1,63	0,82	19,05	9,53	20,10	10,05
9	3,36	1,68	1,85	0,93	21,45	10,73	22,62	11,31
10	3,60	1,80	2,08	1,04	23,85	11,92	25,15	12,58
11	3,90	1,95	2,34	1,17	26,25	13,12	27,68	13,84
12	4,22	2,11	2,74	1,37	28,64	14,32	30,21	15,10
13	4,54	2,27	2,77	1,38	31,04	15,52	32,74	16,37
14	4,88	2,44	2,99	1,50	33,44	16,72	35,27	17,63
15	5,22	2,61	3,08	1,54	35,84	17,92	37,79	18,90
16	5,56	2,78	3,22	1,61	38,24	19,12	40,32	20,16
17	5,91	2,95	3,38	1,69	40,63	20,32	42,85	21,43
18	6,25	3,13	3,55	1,77	43,03	21,52	45,38	22,69
19	6,60	3,30	3,73	1,86	45,43	22,72	47,91	23,96
20	6,95	3,47	3,91	1,96	47,83	23,91	50,44	25,22
21	7,30	3,65	4,10	2,05	50,23	25,11	52,97	26,48
22	7,65	3,82	4,28	2,14	52,63	26,31	55,50	27,75
23	8,00	4,00	4,47	2,24	55,02	27,51	58,03	29,01
24	8,35	4,18	4,66	2,33	57,42	28,71	60,56	30,28
25	8,70	4,35	4,86	2,43	59,82	29,91	63,09	31,55

Energie [keV]	Nickel π	Nickel $\frac{\pi}{2}$	Gold π	Gold $\frac{\pi}{2}$	SU8 π	SU8 $\frac{\pi}{2}$	MR-1 π	MR-1 $\frac{\pi}{2}$
26	9,05	4,53	5,05	2,52	62,23	31,11	65,63	32,81
27	9,41	4,70	5,24	2,62	64,63	32,31	68,16	34,08
28	9,76	4,88	5,44	2,72	67,04	33,52	70,70	35,35
29	10,11	5,06	5,63	2,82	69,45	34,72	73,25	36,63
30	10,46	5,23	5,83	2,91	71,89	35,94	75,83	37,92
31	10,82	5,41	6,02	3,01	74,34	37,17	78,43	39,22
32	11,17	5,58	6,22	3,11	76,79	38,40	81,04	40,52
33	11,52	5,76	6,41	3,21	79,25	39,63	83,65	41,82
34	11,87	5,94	6,61	3,31	81,72	40,86	86,26	43,13
35	12,23	6,11	6,81	3,40	84,18	42,09	88,88	44,44
36	12,58	6,29	7,00	3,50	86,65	43,33	91,50	45,75
37	12,93	6,47	7,20	3,60	89,13	44,56	94,13	47,06
38	13,29	6,64	7,40	3,70	91,60	45,80	96,76	48,38
39	13,64	6,82	7,60	3,80	94,09	47,04	99,40	49,70
40	13,99	7,00	7,80	3,90	96,57	48,29	102,04	51,02
41	14,35	7,17	7,99	4,00	99,06	49,53	104,69	52,34
42	14,70	7,35	8,19	4,10	101,55	50,78	107,34	53,67
43	15,05	7,53	8,39	4,20	104,05	52,03	110,00	55,00
44	15,41	7,70	8,59	4,30	106,55	53,28	112,66	56,33
45	15,76	7,88	8,79	4,39	109,05	54,53	115,33	57,66
46	16,11	8,06	8,99	4,49	111,56	55,78	118,00	59,00
47	16,47	8,23	9,19	4,59	114,07	57,04	120,68	60,34
48	16,82	8,41	9,39	4,69	116,59	58,29	123,36	61,68
49	17,17	8,59	9,59	4,79	119,11	59,55	126,05	63,02
50	17,53	8,76	9,79	4,89	121,63	60,82	128,74	64,37
51	17,88	8,94	9,99	4,99	124,16	62,08	131,44	65,72

Energie [keV]	Nickel		Gold		SU8		MR-1	
	π	$\frac{\pi}{2}$	π	$\frac{\pi}{2}$	π	$\frac{\pi}{2}$	π	$\frac{\pi}{2}$
52	18,23	9,12	10,19	5,09	126,69	63,35	134,14	67,07
53	18,59	9,29	10,39	5,19	129,22	64,61	136,85	68,42
54	18,94	9,47	10,59	5,29	131,76	65,88	139,56	69,78
55	19,29	9,65	10,79	5,39	134,31	67,15	142,27	71,14
56	19,65	9,82	10,99	5,50	136,85	68,43	145,00	72,50
57	20,00	10,00	11,19	5,60	139,40	69,70	147,72	73,86
58	20,35	10,18	11,39	5,70	141,96	70,98	150,46	75,23
59	20,71	10,35	11,60	5,80	144,51	72,26	153,19	76,60
60	21,06	10,53	11,80	5,90	147,08	73,54	155,94	77,97
61	21,41	10,71	12,00	6,00	149,64	74,82	158,68	79,34
62	21,77	10,88	12,20	6,10	152,21	76,11	161,44	80,72
63	22,12	11,06	12,41	6,20	154,79	77,39	164,20	82,10
64	22,47	11,24	12,61	6,31	157,36	78,68	166,96	83,48
65	22,83	11,41	12,82	6,41	159,95	79,97	169,73	84,86
66	23,18	11,59	13,02	6,51	162,53	81,27	172,50	86,25
67	23,53	11,77	13,23	6,61	165,12	82,56	175,28	87,64
68	23,89	11,94	13,43	6,72	167,71	83,86	178,07	89,03
69	24,24	12,12	13,64	6,82	170,31	85,16	180,86	90,43
70	24,59	12,30	13,85	6,92	172,91	86,46	183,65	91,83
71	24,95	12,47	14,06	7,03	175,52	87,76	186,45	93,23
72	25,30	12,65	14,27	7,14	178,13	89,06	189,26	94,63
73	25,65	12,83	14,48	7,24	180,74	90,37	192,07	96,03
74	26,01	13,00	14,70	7,35	183,36	91,68	194,88	97,44
75	26,36	13,18	14,92	7,46	185,98	92,99	197,71	98,85
76	26,71	13,36	15,15	7,57	188,61	94,30	200,53	100,27
77	27,07	13,53	15,38	7,69	191,24	95,62	203,36	101,68

Energie [keV]	Nickel π	Nickel $\frac{\pi}{2}$	Gold π	Gold $\frac{\pi}{2}$	SU8 π	SU8 $\frac{\pi}{2}$	MR-l π	MR-l $\frac{\pi}{2}$
78	27,42	13,71	15,62	7,81	193,87	96,94	206,20	103,10
79	27,77	13,89	15,88	7,94	196,51	98,26	209,05	104,52
80	28,13	14,06	16,19	8,10	199,15	99,58	211,89	105,95
81	28,48	14,24	17,63	8,82	201,80	100,90	214,75	107,37
82	28,83	14,42	16,58	8,29	204,45	102,23	217,61	108,80
83	29,19	14,59	16,65	8,32	207,10	103,55	220,47	110,24
84	29,54	14,77	16,77	8,39	209,76	104,88	223,34	111,67
85	29,89	14,95	16,91	8,46	212,43	106,21	226,22	113,11
86	30,25	15,12	17,07	8,54	215,09	107,55	229,10	114,55
87	30,60	15,30	17,23	8,62	217,76	108,88	231,99	115,99
88	30,95	15,48	17,40	8,70	220,44	110,22	234,88	117,44
89	31,31	15,65	17,57	8,79	223,12	111,56	237,78	118,89
90	31,66	15,83	17,75	8,87	225,80	112,90	240,68	120,34
91	32,01	16,01	17,93	8,96	228,49	114,25	243,59	121,80
92	32,37	16,18	18,10	9,05	231,18	115,59	246,51	123,25
93	32,72	16,36	18,28	9,14	233,88	116,94	249,43	124,71
94	33,07	16,54	18,47	9,23	236,58	118,29	252,36	126,18
95	33,42	16,71	18,65	9,32	239,29	119,64	255,29	127,64
96	33,78	16,89	18,83	9,42	242,00	121,00	258,22	129,11
97	34,13	17,07	19,02	9,51	244,71	122,35	261,17	130,58
98	34,48	17,24	19,20	9,60	247,43	123,71	264,12	132,06
99	34,84	17,42	19,39	9,69	250,15	125,07	267,07	133,54
100	35,19	17,60	19,58	9,79	252,88	126,44	270,03	135,02

Tabelle A.1.: π und $\frac{\pi}{2}$ Phasenmodulation verschiedener G_1-Materialien in Abhängigkeit der Energie [22].

B. Eigenschaften der genutzten Quellen

	DESY	ESRF	ANKA	Röhre
Strahlrohr	W2 (HAR-WI II)	ID19	TopoTomo	Röhre
Quelle	Wiggler	Undulator	1,5T Ablenk-magnet	Röhre
Brillanz $\left[\frac{1\,Photon}{s\,(mrad)^2\,(mm^2)(0,1\,\%\,BW)}\right]$	$< 10^{15}$	$< 10^{21}$	$< 10^{15}$	$< 10^{10}$
Quellgröße (μm $\times$ μm)	70×4	120×30	800×200	≥ 200
Strahlgröße an Aufbau (*hor.* $\times$ *vert.*) [*mm $\times$ mm*]	$1,8 \times 0,5$	45×15	13×5	Abh. vom Aufbau
Abstand Quelle Aufbau [m]	40	145	30	Abh. vom Aufbau
Energiebereich [keV]	16–150	6–100	6–40	Abh. von Röhre
Referenz	[15]	[15]	[36]	[15]

Tabelle B.1.: Eigenschaften der verschiedenen genutzten Quellen.

Literaturverzeichnis

[1] S. Achenbach, F. J. Pantenburg, and J. Mohr. Optimierung der Prozessbedingungen zur Herstellung von Mikrostrukturen durch ultratiefe Röntgenlithographie (UDXRL). *Wissenschaftliche Berichte FZKA 6576*, pages 7–14, 2000.

[2] J. Als-Nielsen and D. McMorrow. *Elements of Modern X-ray Physics*. John Wiley and Sons, Ltd, 2011.

[3] V. Altapova, J. Butzer, T. Rolo, P. Vagovic, A. Cecilia, J. Moosmann, J. Kenntner, J. Mohr, D. Pelliccia, V. Pichugin, and T. Baumbach. X-ray phase-contrast radiography using a filtered white beam with a grating interferometer. *Nuclear Instruments and Methods in Physics Research A*, 2010.

[4] M. Amberger. Galvanik durchgeführt von Max Amberger. *Institut für Mikrostrukturtechnik (IMT) am KIT*, 2011.

[5] M. Ardenne, G. Musiol, and U. Klemradt. *Effekte der Physik und ihre Anwendungen*. Wissenschaftlicher Verlag Harri Deutsch Frankfurt, 2005.

[6] P. W. Atkins and J. de Paula. *Physikalische Chemie*. Wiley-VCH, 2006.

[7] D. Bachmann, S. B. Schöberle, K. B. Kühne, Y. Leinerand, and C. Hierold. Fabrication and characterization of folded SU–8 suspensions for MEMS applications. *Sensors and Actuators A–Physical 130*, pages 379–386, 2006.

[8] P. Bartl. *Phasenkontrast–Bildgebung mit photonenzählenden Detektoren*. PhD thesis, Friedrich–Alexander–Universität Erlangen–Nürnberg, Dissertation an der Naturwissenschaftlichen Fakultät, 2010.

[9] M. Bech. *X-ray imaging with a grating interferometer*. PhD thesis, Faculty of Sciences
Niels Bohr Institute, University of Copenhagen
Universitetsparken 5
DK-2100 Copenhagen, May 2009.

[10] M. Bech, T. H. Jensen, R. Feidenhansl, O. Bunk, C. David, and F. Pfeiffer. Soft-tissue phase-contrast tomography with an x-ray tube source. *Phys. Med. Biol. 54*, pages 2747–2753, 2009.

[11] E. Becker, W. Ehrfeld, and D. Münchmeyer. Untersuchung zur Abbildungsgenauigkeit der Röntgentiefenlithografie mit Synchrotronstrahlung bei der Herstellung technischer Trenndüsenelemente. *Schriften des Kernforschungszentrums Karlsruhe, KfK 3732*, 1984.

[12] U. Bonse and M. Hart. An X–ray interferometer. *Appl. Phys. Lett. 6*, 1965.

[13] J. Braun. Institut für Medizinische Informatik: Bildgebende Verfahren in der Medizin. *Vorlesung an der Charité Campus Benjamin Franklin*, 2011.

[14] M. Börner. Neuartige Komponenten und Systeme für Synchrotronstrahlung. *Projektbericht 06-0581P-00B, Abschlussbericht Nr. 212-27, unveröffentlicht*, 2007.

[15] G. E. Brown, S. R. Sutton, and G. Calas. User Facilities around the World. *Elements 2*, pages 9–14, 2006.

[16] P. Cloetens, W. Ludwig, J. Baruchel, D. V. Dyck, J. V. Landuyt, J. P. Guigay, and M. Schlenker. Holotomography: Quantitative phase tomography with micrometer resolution using hard synchrotron radiation x rays. *Appl. Phys. Lett. 75*, pages 2912–2914, 199.

[17] L. L. Cuervo. Characterization of novell SU8 based resist formulations. *Praktikumsbericht IMT 2011, unveröffentlicht*, 2011.

[18] N. Dambrowsky. *Goldgalvanik in der Mikrosystemtechnik, Herausforderung durch neue Anwendungen*. PhD thesis, Forschungszentrum Karlsruhe, Dissertation an der Fakultät Maschinenbau, 2007.

[19] C. David, J. Bruder, T. Rohbeck, C. Gruenzweig, C. Kottler, A. Diaz, O. Bunk, and F. Pfeiffer. Fabrication of diffraction gratings for hard X-ray phase contrast imaging. *Microelectronic Engineering 84*, pages 1172–1177, 2007.

[20] T. Davis, D. Gao, E. Gureyev, A. Stevenson, and S. Wilkins. Phase-contrast imaging of weakly absorbing materials using hard X-rays. *Lett. to Nat.*, pages 595–598, 1995.

[21] A. Dejoz, V. González-Alfaro, P. J. Miguel, and M. I. Vázquez. Isobaric Vapor-Liquid Equilibria of Tetrachloroethylene + 1-Propanol and +2-Propanol at 20 and 100 kPa. *J. Chem. Eng. 41*, pages 1361–1365, 1996.

[22] M. S. del Rio and R. Dejus. XOP, X–Ray Oriented Programs. *www.esrf.eu/computing/scientific/xop2.0/*, 2010.

[23] L. Dellmann, S. Roth, C. Beuret, G. A. Racine, H. Lorenz, M. Despont, P. Renaud, P. Vettinger, and N. F. de Rooij. Fabrication process of high aspect ratio elastic and SU–8 structures for piezoelectric motor applications. *Sensors and Actuators A–Physical 70*, pages 42–47, 1998.

[24] L. Diethelm. *Handbuch der medizinischen Radiologie.* Springer Verlag, 1968.

[25] O. Dössel. *Bildgebende Verfahren in der Medizin.* Springer Verlag, 2000.

[26] M. Engelhard. Neue Verfahren in der Mikrofokus - Röntgen Radiographie und Computertomographie: Phasenkontrastbildgebung und Abbildung der Brennfleckintensitätsverteilung. *Dissertation der Technischen Universität München*, 2008.

[27] M. Engelhard, J. Baumann, M. Schuster, C. Kottler, F. Pfeiffer, and O. Bunk. High-resolution differential phase contrast imaging using a magnifying projection geometry with a microfocus x-ray source. *Applied Physics Letters 90 (22), 224101.*, 2007.

[28] M. Engelhard, C. Kottler, C. Bunk, C. David, C. Schroer, J. Baumann, M. Schuster, and F. Pfeiffer. The fractional Talbot effect in differential X-ray phase-contrast imaging for extended and polychromatic X-ray sources. *Journal of Microscopy-oxford Vol. 232(1)*, pages 145–157, 2008.

[29] R. Fitzgerald. Phase-Sensitive X-ray imaging. *Phys. Today 53 (7)*, pages 23–27, 2000.

[30] G. R. Fowles. Introduction to modern optics. *Dover publications, Inc. New York*, 1975.

[31] E. Förster, K. Götz, and P. Zaumseil. Double Crystal Diffractometry for the Characterization of Targets for Laser Fusion Experiments. *Kris. Tech. 15*, pages 937–945, 1980.

[32] J. Gao, L. Guan, and J. Chu. Determining the Young's modulus of SU-8 negative photoresist through tensile testing for MEMS applications. *Proc. of SPIE 7544*, page 754464, 2010.

[33] C. Gerthsen and D. Meschede. *Gerthsen Physik*. Springer Verlag, 2004.

[34] J. Göttert and J.Mohr. Grundlagen und Anwendungsmöglichkeiten der LIGA-Technik in der Mikrooptik. *Schriften des Kernforschungszentrums Karlsruhe, KfK 5153*, 1992.

[35] M. Guttmann, B. Matthis, S. Manegold, M. Hartmann, and E. Walch. Erprobung eines neuen Hartnickel-Elektrolyten für die Mikrogalvanoformung. *Galvanotechnik 100*, pages 2120–2126, 2009.

[36] M. Hagelstein, J. Heinrich, and D. Rostohar. ANKA Instrumentation Book. *ANKA Ångstrømquelle Karlsruhe, ISS Institute for Synchrotron Radiation*, pages 91–98, 2009.

[37] L. Hahn. Abschlussbericht des Teilvorhabens Innoliga. *BMBF Innoliga Projekt Förderkennzeichen 16V3522*, 2010.

[38] W. D. Harkins and F. Brown. The Determination of Surface Tension (Free Surface Energy), and the Weight of Falling Drops: The Surface Tension of Water and Benzene by the Capillary Height Method. *J. Am. Chem. Soc 41(4)*, pages 499–524, 1919.

[39] B. Harrer, J. Kastner, A. Kottar, and H. Degischer. Charakterisierung von Inhomogenitäten in metallischen Gusswerkstoffen mittels 3D-Röntgen-Computertomographie. *DGZfP-Jahrestagung 2007*, page Vortrag 94, 2007.

[40] B. L. Henke, E. M. Gullikson, and J. C. Davis. X-ray interactions: photoabsorption, scattering, transmission, and reflection at E=50-30000 eV, Z=1-92. *Atomic Data and Nuclear Data Tables Vol. 54 (no.2)*, pages 181–342, 1993.

[41] J. Herzen. A grating interferometer for material science imaging at a second-generation synchrotron radiation source. *Dissertation an der Universität Hamburg*, 2010.

[42] J. Herzen. Bilder bereitgestellt von Julia Herzen. *TU München, Lehrstuhl für Angewandte Biophysik*, 2011.

[43] J. Herzen, F. Beckmann, S. Riekehr, F. S. Bayraktar, A. Haibel, P. Staron, T. Donath, S. Utcke, M. Kocak, and A. Schroer. SRμCT study of crack propagation within laserwelded aluminum-alloy T-joints. *Proc. of SPIE, 7078:70781V*, 2010.

[44] T. Hönig. Entwicklung einer Methode zur Herstellung von gebogenen Mikrostrukturen für die Anwendung in bildgebenden röntgenoptischen Systemen. *Diplomarbeit am Institut für Mikrostrukturtechnik des KIT*, 2010.

[45] G. Hounsfield. Computerized transverse axial scanning (tomography): Part 1. Description of System. *Brit. J. Radiol. 46*, pages 1016–1022, 1973.

[46] I. Jerjen, C. Kottler, T. Luethi, U. Sennhauser, R. Kaufmann, and C. Urban. Phase Contrast Cone Beam Tomography with an X-Ray Grating Interferometer. *AIP Conf. Proc.1236*, pages 227–231, 2010.

[47] I. Johnson, K. Jefimovs, O. Bunk, C. David, M. Dierolf, J. Gray, D. Renker, and F. Pfeiffer. Coherent diffractive imaging using phase front modifications. *Phys. Rev. Lett. 100, 155503*, 2008.

[48] A. C. Kak and M. Slaney. *Principles of Computerized Tomographic Imaging*. Society for Industrial and Applied Mathematics, 2001.

[49] J. Kenntner, V. Altapova, T. Grund, F. J. Pantenburg, J. Meiser, T. Baumbach, and J. Mohr. Fabrication and Characterization of Analyzer Gratings with High Aspect Ratios for Phase Contrast Imaging Using a Talbot Interferometer. *AIP Conf. Proc. , Volume 1437 (1) American Institute of Physics*, pages 89–93, 2012.

[50] J. Keyriläinen, A. Bravin, M. Fernández, M. Tenhunen, P. Virkkunen, and P. Suortti. Phase-contrast X-ray imaging of breast. *Acta Radiol. Vol. 51(8)*, pages 866–884, 2010.

[51] D. Kunka. Bearbeitung der Kontrastkurvendaten durchgeführt von D. Kunnka. *unveröffentlicht*, 2011.

[52] S. Lemke. *Charakterisierung modifizierter Negativresiste für die Röntgentiefenlithographie*. PhD thesis, TU Berlin Fakultät V – Verkehrs– und Maschinensysteme, 2011.

[53] H. Lorenz, M. Laudon, and P. Renaud. Mechanical characterization of a new high–aspect–ratio near UV–photoresist. *Microelectronic Engineering 42*, pages 371–374, 1998.

[54] J. Manjkow, J. S. Papanu, D. S. Soong, D. W. Hess, and A. T. Bell. An in situ study of dissolution and swelling behavior of poly-(methyl methacrylate) thin films in solvent/nonsolvent binary mixtures. *Journal of Applied Physics Vol. 62*, pages 682–688, 1987.

[55] T. Mappes, S. Achenbach, and J. Mohr. Hochauflösende Röntgenlithografie zur Herstellung polymerer Submikrometerstrukturen mit großem Aspektverhältnis. *Wissenschaftliche Berichte FZKA 7215*, 2006.

[56] F. Marschall, A. Last, M. Kluge, J. Mohr, M. Simon, and H. Vogt. High Aspect Ratio Microstructures stabilized by Freeze Drying. *Geplante Veröffentlichung in IOP Journal of micromechanics and microengineering*, 2012.

[57] M. Matsumoto, K. Takiguchi, M. Tanaka, Y. Hunabiki, H. Takeda, A. Momose, Y. Utsumi, and T. Hattori. Fabrication of diffraction grating for X-ray Talbot interferometer. *Microsyst. Techn. 13*, pages 543–546, 2006.

[58] W. Menz, J. Mohr, and O. Paul. *Mikrosystemtechnik für Ingenieure.* Wiley-VCH Verlag, 2005.

[59] P. Meyer. New development and functionalities of DoseSim; a software dedicated to the deep X-ray Lithography (LIGA). *9th International Workshop on High Aspect Ratio Micro Structure Technology, HsinChu, Taiwan,* 2011.

[60] P. Meyer, J. Lange, M. Arendt, N. Dambrowsky, V. Saile, and J. Schulz. Launching into a golden age (2) - high precision parts for luxurious Swiss watches. *Albuquerque, N.M.: MANCEF,* pages 241–244, 2005.

[61] P. Meyer, J. Schulz, and L. Hahn. DoseSim: Microsoft-Windows graphical user interface for using synchrotron x-ray exposure and subsequent development in the LIGA process. *Review of Scientific Instruments, Volume 74, Number 2,* pages 1113–1119, 2003.

[62] A. S. Müller. Beschleunigerphysik - von den Grundlagen bis zum LHC. *Folien zur Vorlesung Beschleunigerphysik SS 2006 am Karlsruher Institut für Technologie,* 2006.

[63] J. Mohr, W. Ehrfeld, and D. Münchmeyer. Analyse der Defektursachen und der Genauigkeit der Strukturübertragung bei der Röntgentiefenlithografie mit Synchrotronstrahlung. *Schriften des Kernforschungszentrums Karlsruhe, KfK 4414,* 1988.

[64] A. Momose. Demonstration of X-Ray Talbot Interferometry. *Jpn. J. Appl. Phys. 42,* pages 866–868, 2003.

[65] A. Momose. Phase-sensitive imaging and phase tomography using X-ray interferometers. *Optics Express Vol. 11(19),* pages 2303–2314, 2003.

[66] A. Momose. Recent Advances in X-ray Phase Imaging. *Jpn. J. Appl. Phys. 44,* pages 6355–6367, 2005.

[67] A. Momose, T. Takeda, Y. Itai, and K. Hirano. Phase-contrast X-ray computed tomography for observing biological soft tissues. *Nature Medicine 2*, pages 473–475, 1996.

[68] A. Momose, W. Yashiro, Y. Takeda, Y. Suzuki, and T. Hattori. Phase Imaging with an X-Ray Talbot Interferometer. *Contribution to the International Center for Diffraction Data*, pages 21–30, 2006.

[69] V. Nazmov, E. Reznikova, J. Mohr, A. Snigirev, I. Snigireva, S. Achenbach, and V. Saile. Fabrication and preliminary testing of X-ray lenses in thick SU-8 resist layers. *Microsyst. Techn. 10*, pages 716–721, 2004.

[70] Y. Nishijima and G. Oster. Moiré Patterns: Their Application to Refractive Index and Refractive Index Gradient Measurements. *J. Opt. Soc. Am. 54*, pages 1–4, 1964.

[71] F. Pfeiffer, M. Bech, O. Bunk, P. Kraft, E. F. Eikenberry, C. Brönnimann, C. Grünzweig, and C. David. Hard-X-ray dark-field imaging using a grating interferometer. *Nature materials 7(2)*, pages 134–137, 2008.

[72] F. Pfeiffer, T. Weitkamp, O. Bunk, and C. David. Phase retrieval and differential phase contrast imaging with low-brilliance X-ray sources. *Nature Physics Vol.2(4)*, pages 258–261, 2006.

[73] F. Pfeiffer and J. Wilkens. Biomedizinische Physik I. *Folien zur Vorlesung Biomedizinische Physik I an der TU München, Physik, Lehrstuhl für Biomedizinsche Physik (E17)*, 2010.

[74] M. Pritschow. *Titannitrid- und Titan-Schichten für die Nano-Elektromechanik*. PhD thesis, Universität Stuttgart Fakultät Maschinenbau, 2007.

[75] L. Rayleigh. On the manufacture and theory of diffraction gratings. *Philosophical Magazine 47*, pages 81–93, 1874.

[76] E. Reznikova, J. Mohr, M. Boerner, V. Nazmov, and P. J. Jakobs. Soft X-ray lithography of high aspect ratio SU8 submicron structures. *Microsyst. Techn. 14*, pages 1683–1688, 2008.

[77] A. Ritter, G. Anton, P. Bartl, J. Durst, W. Haas, T. Michel, and T. Weber. PHACT Meeting: Forschungszentrum Karlsruhe 14.09.2009. *Projektbericht PHACT*, 2009.

[78] W. Röntgen. Über eine neue Art von Strahlen. *Sitz. Ber. Phys. Med. Würzburg 9*, pages 132–141, 1895.

[79] V. Saile. Microoptics and Lithography. *Folien zur Vorlesung Microoptics and Lithography an der Karlsruhe School of Optics and Photonics (KSOP)*, 2010.

[80] V. Saile, U. Wallrabe, O. Tabata, J. G. Korvink, O. Brand, G. K. Fedder, and C. Hierold. *LIGA and its Applications*. Wiley–VCH, 2009.

[81] W. Schnell, D. Gross, and W. Hauger. *Technische Mechanik 2 Elastostatik 6. Auflage*. Springer Verlag, 1998.

[82] C. Schroer. Physik mit Synchrotronstrahlung. *Folien zur Vorlesung Physik mit Synchrotronstrahlung an der TU Dresden, Institut für Strukturphysik*, 2010.

[83] A. Schütz. *Untersuchungen zum Einsatz des Negativresistmaterials SU–8 in der LIGA–Technik*. PhD thesis, TU Berlin Fakultät V für Verkehrs und Maschinensysteme, 2004.

[84] D. Stegemann. *Radiographie und Radioskopie*. B.G. Teubner Verlag Stuttgart, 1995.

[85] T. J. Suleski. Generation of Lohmann images from binary–phase Talbot array illuminators. *J. Appl. Opt. 36 (20)*, pages 4686–4691, 1997.

[86] H. Talbot. Facts relating to optical science. no IV. *Philosophical Magazin and Journal of Science 3rd series*, pages 401–407, 1836.

[87] A. Tapfer, M. Bech, D. Hahn, M. Willner, M. Stockmar, I. Zanette, T. Weitkamp, S. Stangl, G. Multhoff, C. David, J. Kenntner, J. Schulz, T. Grund, J. Mohr, and F. Pfeiffer. Grating-based Phase-Contrast Imaging for Studying Small-Animal Tumor Models. *ANKA KNMF User Meeting 2010*, 2010.

[88] A. Tapfer, M. Bech, B. Pauwels, X. Liu, P. Bruyndonckx, A. Sasov, J. Kenntner, J. Mohr, M. Walter, J. Schulz, and F. Pfeiffer. Development of a prototype gantry system for preclinical x-ray phase-contrast computed tomography. *Med. Phys. 38, 5910*, 2011.

[89] W. H. Teh, U. Dürig, U. Drechsler, C. G. Smith, and H. J. Güntherodt. Effect of low numerical-aperture femtosecond two-photon absorption on SU 8 resist for ultrahigh-aspect-ratio microstereolithography. *Journal of Applied Physics 97*, 2005.

[90] EN12543-5. *Charakterisierung von Brennflecken in Industrie-Röntgenanlagen für die zerstörungsfreie Materialprüfung.* Deutsches Institut für Normung DIN, 1999.

[91] MicroChemicals. TI Prime adhesion promoter. *Technical Data Sheet revised 12/2002*, 2002.

[92] Nitto Denko. Produktdatenblatt: Thermal Release Tape Revalpha. *www.semicorp.com/brochures/Revalpha Info Ver B.pdf*, 2010.

[93] PCO AG. cooled digital 14 bit CCD camera system, pco.4000 product sheet v1.05. *www.pco.de*, 2011.

[94] A. Thompson, D. Attwood, E. Gullikson, M.Howells, K. J. Kim, J. Kirz, J. Kortright, I. Lindau, Y. Liu, P. Pianetta, A. Robinson, J. Scofield, J. Underwood, G. Williams, and H. Winick. *Center for*

X-ray Optics and Advanced Light Source - X-ray Data Booklet. Lawrence Berkeley Laboratory, University of California, 2009.

[95] T. Thuering, P. Modregger, T. Grund, J. Kenntner, C. David, and M. Stampanoni. High resolution, large field of view x-ray differential phase contrast imaging on a compact setup. *Appl. Phys. Lett. 99*, page 041111, 2011.

[96] Y. Tu and A. C. Ouano. Model for the kinematics of polymer dissolution. *IBM Journal of Research and Development 21*, pages 131–142, 1977.

[97] W. Wagner and A. Pruss. Reference Data. *J. Phys. Chem., 22*, pages 783–787, 1993.

[98] T. Weber, F. Bayer, W. Haas, G. Pelzer, A. Ritter, J. Durst, T. Michel, and G. Anton. Energy–Dependent Visibility Measurement and Its Simulation in X–Ray Talbot Interferometry. *Nuclear Science Symposium and Medical Imaging Conference (NSS/MIC), IEEE*, pages 2488–2490, 2011.

[99] T. Weitkamp, C. David, O. Bunk, J. Bruder, P. Cloetens, and F. Pfeiffer. X-ray phase radiography and tomography of soft tissue using grating interferometry. *Europ. Journal of Radiology 68S*, pages 13–17, 2008.

[100] T. Weitkamp, C. David, C. Kottler, O. Bunk, and F. Pfeiffer. Tomography with grating interferometers at low-brilliance sources. *Proc. of SPIE 6318, 6318OS*, 2006.

[101] T. Weitkamp, A. Diaz, C. David, F. Pfeiffer, M. Stampanoni, M. Cloetens, and E. Ziegler. X-ray phase imaging with a grating interferometer. *Optics Express Vol. 13*, pages 6296–6304, 2005.

[102] T. Weitkamp, B. Nöhammer, A. Diaz, C. David, and E. Ziegler. X-ray wavefront analysis and optics characterization with a grating interferometer. *Appl. Phys. Lett. 86*, pages 054,101, 2005.

[103] M. Willner. Bilder bereitgestellt von Marian Willner. *TU München, Lehrstuhl für Angewandte Biophysik*, 2011.

[104] M. Willner. Development of a system for X-ray phase contrast imaging. *Diplomarbeit an der Friedrich-Alexander-Universität Erlangen*, 2011.

[105] M. Willner. persönliches Gespräch. 2011.

[106] M. Worgull. *Hot Embossing*. Elsevier Inc., 2009.

[107] K. Wouters and R. Puers. *Diffusing and swelling in SU–8: Insight in material properties and processing. Journal of Micromechanics and Microengineering 20 (9)*, page 095013, 2010.

[108] W. Yashiro, Y. Takeda, and A. Momose. Efficiency of capturing a phase image using cone-beam x-ray Talbot interferometry. *J. Opt. Soc. Am. A Vol. 25 No. 8*, pages 2025–2039, 2008.

[109] L. Yi, W. Xiaodong, L. Chong, L. Zhifeng, C. Denan, and Y. Dehui. Swelling of SU–8 structure in Ni mold fabrication by UV-LIGA technique. *Microsystem Technologies 11*, pages 1272–1275, 2005.

[110] A. Yoneyama, A. Momose, I. Koyama, E. Seya, T. Takeda, Y. Itai, K. Hirano, and K. Hyodo. Large-area phase-contrast X-ray imaging using a two-crystal X-ray interferometer. *J. Synchrotron Rad. 9*, pages 277–281, 2002.

[111] F. T. S. Yu, P. Purwosumarto, and S. Jutamulia. Application of source encoding to incoherent Talbot imaging and the Lau effect. *Optics and Laser Technology, 28 (7)*, pages 521–523, 1996.

[112] R. Zengerle. MST Technologien und Prozesse. *Vorlesungsfolien MST 1, Kapitel 5 Lithografie*, 2007.

[113] J. Zhang, W. X. Zhou, M. B. Chan-Park, and S. R. Conner. Argon Plasma Modification of SU-8 for Very High Aspect Ratio and Dense Copper Electroforming. *J. Electrochem. Soc. 152*, pages C716–C721, 2005.

[114] A. Zimmermann. Trocknung von hohen, säulenförmigen LIGA-Strukturen nach der Entwicklung. *Diplomarbeit am Institut für Mikrostrukturtechnik, Forschungszentrum Karlsruhe*, page 14, 2008.

[115] D. Zwillinger. *CRC Standard Mathematical Tables and Formulae, 31st Edition*. Taylor and Francis, 2002.

Schriften des Instituts für Mikrostrukturtechnik
am Karlsruher Institut für Technologie (KIT)

ISSN 1869-5183

Herausgeber: Institut für Mikrostrukturtechnik

Die Bände sind unter www.ksp.kit.edu als PDF frei verfügbar
oder als Druckausgabe zu bestellen.

Band 1   Georg Obermaier
          Research-to-Business Beziehungen: Technologietransfer durch
          Kommunikation von Werten (Barrieren, Erfolgsfaktoren und
          Strategien). 2009
          ISBN 978-3-86644-448-5

Band 2   Thomas Grund
          Entwicklung von Kunststoff-Mikroventilen im Batch-Verfahren. 2010
          ISBN 978-3-86644-496-6

Band 3   Sven Schüle
          Modular adaptive mikrooptische Systeme in Kombination
          mit Mikroaktoren. 2010
          ISBN 978-3-86644-529-1

Band 4   Markus Simon
          Röntgenlinsen mit großer Apertur. 2010
          ISBN 978-3-86644-530-7

Band 5   K. Phillip Schierjott
          Miniaturisierte Kapillarelektrophorese zur kontinuierlichen Über-
          wachung von Kationen und Anionen in Prozessströmen. 2010
          ISBN 978-3-86644-523-9

Band 6   Stephanie Kißling
          Chemische und elektrochemische Methoden zur Oberflächenbe-
          arbeitung von galvanogeformten Nickel-Mikrostrukturen. 2010
          ISBN 978-3-86644-548-2

Schriften des Instituts für Mikrostrukturtechnik
am Karlsruher Institut für Technologie (KIT)

ISSN 1869-5183

Schriften des Instituts für Mikrostrukturtechnik
am Karlsruher Institut für Technologie (KIT)

ISSN 1869-5183